泰安市生态保护研究

孟盼盼
刘忠德
等著

化学工业出版社
·北京·

内 容 简 介

本书立足于泰安市生态环境，针对近年来泰安市的生态保护现状、存在问题及保护对策进行介绍，主要包括泰安市区域状况，泰安市的大气环境、水环境、土地环境、生物多样性、噪声环境的现状、存在问题及治理措施，泰安市固体废物的治理研究，以及泰安市生态环境综合治理保护方面的进展和策略等内容。

本书可供生态、环境等相关专业的教师、本科生、研究生及科技工作者阅读参考。

图书在版编目（CIP）数据

泰安市生态保护研究/孟盼盼等著．—北京：化学工业出版社，2024.1

ISBN 978-7-122-44352-6

Ⅰ.①泰…　Ⅱ.①孟…　Ⅲ.①生态环境保护-研究-泰安　Ⅳ.①X321.252.3

中国国家版本馆 CIP 数据核字（2023）第 201300 号

责任编辑：彭明兰　　文字编辑：冯国庆
责任校对：边　涛　　装帧设计：刘丽华

出版发行：化学工业出版社
（北京市东城区青年湖南街 13 号　邮政编码 100011）
印　　装：北京建宏印刷有限公司
880mm×1230mm　1/32　印张 7　字数 201 千字
2023 年 12 月北京第 1 版第 1 次印刷

购书咨询：010-64518888　　售后服务：010-64518899
网　　址：http：//www.cip.com.cn
凡购买本书，如有缺损质量问题，本社销售中心负责调换。

定　　价：98.00 元

前言

生态环境是人类赖以生存和发展的根基，建设美丽家园是人类的共同梦想。习近平总书记指出：“生态文明建设是关系中华民族永续发展的根本大计”。党的十八大以来，生态文明建设成为我国社会主义现代化建设的重要组成部分，成为全社会的共识。《中共中央关于全面深化改革若干重大问题的决定》《中共中央国务院关于加快推进生态文明建设的意见》《生态文明体制改革总体方案》等一系列文件的出台实施，使我国的生态文明建设迈向了更高层次。随着“绿色发展”的扎实推进，我国城市的生态环境质量得到持续改善，但生态文明建设压力巨大，矛盾与挑战并存。现阶段生态文明建设正处于“关键期”“攻坚期”“窗口期”三期叠加的局面，必须要加大力度推进生态文明建设，深入贯彻“绿水青山就是金山银山”的绿色发展理念，来解决城市生态环境问题。

泰安市作为山东省辖地级市，位于山东省中部的泰山南麓，是全国著名的旅游城市。近年来，泰安市牢固树立“绿水青山就是金山银山”的理念，以前所未有的力度抓生态文明建设，努力打造黄河流域生态保护先行区和黄河下游高质量发展样板区，泰安市先后荣获“全国水生态文明城市”“中国最具生态竞争力城市”“中国十大秀美之城”等荣誉称号。泰山山水林田湖草生态保护修复工程作为山东省的唯一项目，成功入选全国第二批山水林田湖草生态保护修复工程6个试点项目之一。

近年来，泰安市聚焦重大生态环境问题，坚决打好污染防治攻坚战，坚持生态优先，生态保护工作迈出新步伐，生态环境质量实现新突破。泰安市围绕蓝天、碧水、净土“三大保卫战”，全面发力、多点突破、纵深推进，人民群众的环境幸福感、获得感不断增强，满意度日益提升，泰安市“山青、水绿、林郁、田沃、湖美”的大生态格局基本形成。泰安市坚持把低碳发展作为生态文明建设的重要途径，坚定不移地走高质量发展道路，推进生产生活全面绿色转型，深入实施“四减四增”，不断调整优化产业、能源、运输、农业投入四大结构，着力推进新旧动能转换，绿色低碳转型跨上新台阶。

本书立足于泰安市的生态环境，包括大气环境、水环境、土地环境、生物多样性环境、噪声环境等，分析泰安市近年来的各类生态环境现状、存在问题，并提出相应的生态保护对策，根本宗旨就是把泰安市的城市建设与生态保护完美结合，积极落实优化措施，争取将泰安市建设成独具特色的生态文明城市，为其他生态文明城市建设提供借鉴。

全书分 8 章。第 1 章介绍了泰安市的区域状况，包括地理环境、生物资源、矿产资源、人口经济、交通运输、文化卫生、科技教育等。第 2 ~ 第 6 章对泰安市大气环境、水环境、土地环境、生物多样性、噪声环境的环境现状，以及存在问题和治理措施进行论述。第 7 章是对泰安市固体废物的治理研究。第 8 章对泰安市生态环境综合治理保护方面的进展及策略进行概述。

本书第 1 章和第 5 章由刘忠德撰写，第 2 ~ 第 4 章和第 6 章由孟盼盼撰写，第 7 章由邵媛媛撰写，第 8 章由陈红撰写。全书由孟盼盼统稿，刘忠德校稿。

本书得到了泰山学院学术著作出版基金的资助，以及国家自然科学基金青年基金项目（41907204）、山东省自然科学基金（ZR2016EEB24）、山东省高校科技计划（J18KA088）、泰安市科技创新发展项目（2020NS078）、泰山市社会科学课题（18-ZD-019）等研究课题的支持，特此向支持和关心本书研究工作的所有单位及个人表示衷心的感谢。书中部分内容参考了有关单位或个人的研究成果，均已在参考文献中列出，在此一并感谢。

由于作者水平有限，书中不足之处在所难免，欢迎广大读者不吝赐教。

孟盼盼

2023 年 7 月

目录

第1章 泰安市区域状况 001

1.1 地理环境 …… 001
1.1.1 位置境域 …… 001
1.1.2 地质构造 …… 002
1.1.3 地形地貌 …… 002
1.1.4 气候特征 …… 003
1.2 生物资源 …… 004
1.3 矿产资源 …… 005
1.4 人口经济 …… 005
1.5 交通运输 …… 006
1.6 文化卫生 …… 007
1.7 科技教育 …… 007

第2章 泰安市大气环境保护研究 009

2.1 泰安市环境空气监测体系 …… 009
2.1.1 城市与乡镇空气质量监测体系 …… 009
2.1.2 环境空气挥发性有机物监测体系 …… 010
2.1.3 空气降尘量监测与酸沉降监测体系 …… 011
2.1.4 涉气污染源监测体系 …… 012
2.1.5 大气热点网格化监管体系 …… 013
2.2 泰安市环境空气功能区分类及质量现状 …… 015
2.2.1 环境空气质量分级标准 …… 015
2.2.2 泰安市环境空气功能区分类 …… 018

2.2.3 泰安市环境空气质量现状 …… 020
2.3 泰安市大气污染物来源及影响因素 …… 023
2.3.1 污染物来源 …… 023
2.3.2 气象因素 …… 026
2.3.3 地理因素 …… 030
2.4 泰安市大气环境保护措施 …… 032
2.4.1 聚焦污染源头，精准施策治理 …… 032
2.4.2 完善在线系统，提升监控水平 …… 034
2.4.3 创新管控机制，坚持科学治污 …… 035
2.4.4 建立保障规范，强化组织保障 …… 037
第3章 泰安市水环境保护研究 040
3.1 泰安市水环境概况 …… 040
3.1.1 水文概况 …… 040
3.1.2 河流水系 …… 041
3.1.3 水库 …… 045
3.1.4 饮用水水源地 …… 048
3.2 泰安市水资源现状 …… 050
3.2.1 水资源量 …… 050
3.2.2 水功能区划及监测断面 …… 053
3.2.3 水环境质量 …… 054
3.2.4 水处理工程 …… 056
3.3 泰安市水环境保护现状 …… 059
3.3.1 饮用水水源地保护 …… 059
3.3.2 地下水污染防治 …… 061
3.3.3 节水型社会建设 …… 063
3.3.4 水生态文明城市建设 …… 066
3.3.5 海绵城市建设现状 …… 069

3.3.6 河湖长制建立 …… 072
3.4 泰安市水环境存在的问题 …… 073
3.4.1 水资源保障能力大幅提升，但短缺问题持续存在 …… 073
3.4.2 水生态文明建设取得显著成效，但水生态安全仍存在隐患 …… 075
3.4.3 节水水平有较大提高，但节水的综合技术体系尚未形成 …… 076
3.4.4 防洪减灾体系基本建立，但局部地区仍存在薄弱环节 …… 078
3.4.5 水利管理服务组织体系初步建立，但现代水管理体制机制尚不完善 …… 078
3.5 泰安市水环境的保护优化措施 …… 079
3.5.1 开源——构建坚实水网，增强水资源调配能力 …… 079
3.5.2 节流——建设节水型社会，推动生产生活方式绿色化 …… 082
3.5.3 生态——加强水资源保护，建设河湖健康发展新格局 …… 085
3.5.4 防御——强化水灾害防御，建立灾损可控的防洪体系 …… 089
3.5.5 保障——深化水管理改革，实现治水兴水能力现代化 …… 091
第4章 泰安市土地环境保护研究 095
4.1 泰安市土地环境概况 …… 095
4.2 泰安市土地利用现状 …… 096
4.3 泰安市土地利用面临的问题 …… 099

4.4 泰安市耕地保护措施和成效 …… 101
4.4.1 坚守耕地红线，严格耕地质量评价 …… 101
4.4.2 建立耕地保护奖励激励补偿机制 …… 102
4.4.3 健全全方位“田长制”耕地保护管理体系 …… 102
4.4.4 探索多样化土地整治投资模式 …… 102
4.4.5 强化耕地保护执法联动 …… 103
4.5 泰安市土地污染现状及治理措施 …… 103
4.5.1 强化源头监管，预防土壤污染 …… 104
4.5.2 严格建设用地准入管理，保障重点建设用地安全 …… 105
4.5.3 整合污染防治力量，明确土壤问题 …… 106
4.5.4 落实分类管理，创建风险管控 …… 107
4.5.5 组织国家级修复试点，打造土壤污染防治先行区 …… 107
第5章 泰安市生物多样性环境保护研究 108
5.1 生物多样性概念及其分类 …… 108
5.2 泰安市生物多样性保护历程 …… 109
5.3 泰安市生物多样性现状 …… 113
5.3.1 森林公园和自然保护区生物资源 …… 113
5.3.2 泰安市河流、湖泊、湿地公园生物资源 …… 115
5.3.3 泰安市城区生物多样性 …… 116
5.4 泰安市生物多样性存在的问题 …… 121
5.4.1 认识存在不足，物种受到危害 …… 121
5.4.2 信徒盲目放生，危害生态环境 …… 122
5.4.3 外来物种侵入，威胁乡土物种 …… 122
5.4.4 绿化注重观赏，生态功能不足 …… 122
5.4.5 盲目树种混栽，忽视相生相克 …… 123

5.4.6 群落结构杂乱，不利动物生存 …… 123
5.4.7 缺乏有效连接，生物迁徙困难 …… 124
5.5 泰安市生物多样性保护措施 …… 124
5.5.1 泰安市山区森林生物多样性保护与生态环境优化措施 …… 125
5.5.2 泰安市丘陵及平原林业用地生物多样性保护与生态环境优化措施 …… 129
5.5.3 泰安市河流湖泊湿地生物多样性保护与生态环境优化措施 …… 131
5.5.4 泰安市农业用地保护区的生物多样性保护与生态环境优化措施 …… 133
5.5.5 泰安市城镇绿地保护区的生物多样性与生态环境规划措施 …… 134
5.5.6 泰安市城区生物多样性保护与生态环境规划措施 …… 136

第6章 泰安市噪声环境保护研究 141

6.1 环境噪声的分类及标准 …… 141
6.1.1 环境噪声分类 …… 141
6.1.2 环境噪声标准 …… 142
6.2 泰安市噪声环境功能区划 …… 145
6.3 泰安市噪声环境现状 …… 147
6.4 噪声污染防治措施 …… 148
6.4.1 健全法律法规，完善污染监测体系 …… 148
6.4.2 强化科学规划，创新污染防治途径 …… 149
6.4.3 加强防治宣传，提高全民防范意识 …… 150
6.4.4 加强噪声监管，打造良好声环境 …… 150

第7章 泰安市固体废物防治研究 152

7.1 泰安市工业固体废物治理现状 …… 152

7.2 泰安市危险废物治理现状 …… 154

7.3 泰安市生活垃圾治理现状 …… 157

7.3.1 生活垃圾分类要求 …… 157

7.3.2 泰安市城市生活垃圾治理研究 …… 159

7.3.3 泰安市农村生活垃圾治理研究 …… 161

7.3.4 泰安市全域垃圾分类新模式 …… 163

7.4 泰安市“无废城市”建设现状 …… 166

7.4.1 “无废城市”的概念 …… 166

7.4.2 泰安市“无废城市”建设措施 …… 166

7.4.3 泰安市“无废城市”建设进展 …… 174

第8章 泰安市生态环境综合保护研究 177

8.1 泰安市山水林田湖草生态保护修复工程 …… 177

8.1.1 工程简介 …… 177

8.1.2 工程成效 …… 179

8.2 泰安市“三线一单”生态环境分区管控 …… 186

8.2.1 泰安市生态环境三线 …… 186

8.2.2 生态空间及分区管控 …… 188

8.2.3 环境质量底线及分区管控 …… 188

8.2.4 资源利用上线及分区管控 …… 191

8.2.5 生态环境分区管控体系 …… 192

8.2.6 加强“三线一单”实施措施 …… 192

8.3 泰安市生态环境总体规划 …… 194

8.3.1 改善环境空气质量，控制温室气体排放 …… 194

8.3.2 深化系统治理，提升水生态环境质量 …… 196

8.3.3 强化源头防控，加强土壤、农村环境保护 … 198
8.3.4 强化危险废物风险管控，严守环境安全底线 …… 200
8.3.5 深化“四减四增”，全面推进绿色发展 …… 202
8.3.6 统筹保护修复，提升生态系统质量和稳定性 …… 204
8.3.7 深化改革创新，打造现代环境治理体系 …… 206
8.3.8 开展全民行动，推动形成绿色生活方式 …… 208

主要参考文献 210

第1章 泰安市区域状况

泰安市是山东省辖地级市，因泰山而得名，“泰山安则四海皆安”，寓意“国泰民安”。城区位于泰山脚下，依山而建，山城一体。泰安市于1982年被国务院列为第一批对外开放旅游城市。2007年3月，国务院批准将泰安市列为国家历史文化名城。

泰安市辖泰山区、岱岳区、新泰市、肥城市、宁阳县、东平县及泰山景区、泰安高新区，共88个乡镇、办事处（乡7个、镇62个、街道办事处19个），全市有3607个行政村，泰安市人民政府驻泰山区望岳东路3号。

1.1 地理环境

1.1.1 位置境域

泰安市位于山东省中部的泰山南麓，北接省会济南，东临莱芜，南与济宁、临沂接壤，西与聊城为邻，介于东经116°20′～117°59′，北纬35°38′～36°28′之间，东西长约176.6km，南北宽约93.5km，面积7762km^2，占全省面积的5%。

1.1.2 地质构造

泰山区大地构造位置属于中期准地台鲁西断块隆起区西北部泰（安）莱（芜）断陷盆地的西部。地层区划上属于华北地层区鲁西分区泰安小区。出露地层有太古界泰山岩群，下古生界寒武系、奥陶系，新生界下第三系、第四系。区内主要为断裂构造，其中两组断裂最为发育，即北东东向与北北西向。按地质力学划分，属于新华夏系的两组共轭扭裂面，即泰山式和大义山式。

北东东向（泰山式）断裂由北向南依次为泰山断裂、结庄断裂（隐伏）；泰山断裂（带）位于泰山南麓，由大致平行的多条断裂组成，大都被第四系坡洪积物所覆盖，仅零星裸露。陈家庄断裂走向70°，倾向东南，倾角70°；岱道庵断层面走向45°，倾向东南，倾角87°；大马庄断层面走向47°，沿走向呈舒缓波状展布。断面平滑，内有泥、钙质胶结的构造角砾岩，显示了早期以张为主，晚期以压扭为主的多期活动特征。其主断裂北侧为泰山群变质岩构成的上升盘，南侧为新生界地层构成的下降盘。在断裂带内次一级断层之间，由于弧形断裂两盘的牵引作用，尚夹有古生界灰岩地块。

北北西向（大义山式）断裂由东向西顺序为岱道庵断裂、泮河断裂等。岱道庵断裂（带）在区内大都为第四系所覆盖，仅在南北两端有所显示。断裂带北起岱道庵，经上高镇向南至旧县。断裂带最宽达870m，断裂走向330°～350°，倾向北东，倾角70°。泮河断裂亦为次一级断裂，展布方向大致与岱道庵断裂类似。泮河主要是沿该断裂追踪发育而成的，北端切割泰山断裂，向南经栗家庄延伸至汶河南岸岱岳区的桥沟村附近。

1.1.3 地形地貌

泰安市地势自东北向西南倾斜，域内拥有五种地貌类型：一是侵蚀构造中度切割中山，主要分布于泰山、徂徕山一带，山体由变质岩系组成；二是侵蚀构造剥蚀和溶蚀低山，主要分布于中山周围，山体多由变质岩系组成；三是侵蚀构造剥蚀和溶蚀丘陵，主要分布于低山周围；四是山间河谷及冲积平原，主要分布于各盆地和河流两岸；五是剥蚀堆积山前倾斜平原，主要分布在大汶河以南、宁阳西部，地面平坦微倾。

全市土壤类型多样，主要有棕壤、褐土、砂姜黑土、潮土、山地草甸型土和风沙土六大类，14 个亚类、34 个土属、64 个土种，其中棕壤、褐土为地带性土壤，是全市土壤组成的主要类型，而发育在沿河冲积物上的潮土仅占 7.5%。

1.1.4 气候特征

泰安市属于温带大陆性半湿润季风气候，四季分明，春季多风，干燥；夏季多雨，炎热；秋季多晴，气爽；冬季少雪，寒冷。寒暑适宜，雨热同季，光温同步。

全市多年平均太阳辐射总量为 $508.2kJ/cm^2$，年际变化在 $468.16\sim547.58kJ/cm^2$ 之间。年内以 5 月份最多，12 月份最少。按 80%保证率计算，全年辐射总量为 $489.06kJ/cm^2$。在 3～11 月份作物生产发育期间，可有 426.36 亿千焦/公顷［1 公顷（ha）＝10^4m^2，下同］的能量供利用。泰安市全年平均日照数 2627.1h，年际变化在 2342.3～3413.5h 之间。日照率为 58%左右。年内以小麦灌浆的 5、6 月份最多，月均 268h 左右。

泰安市年平均气温为 12.9℃。年内 7 月份最高，平均 26.4℃，1 月份最低，平均为－2.6℃。在地域分布上，南部、西部较高，东部、北部偏低。全年平均≥0℃的积温 4731℃，≤10℃的积温 4213℃，无霜期平均 195 天，最长可达 241 天，最短为 161 天。受地形、地貌影响及垂直的变化、地域的差异，形成了一些局部小气候区。泰山山顶年平均气温仅有 5.2℃，而年降水量达 1163.8mm；徂徕山前、柴汶河畔的高温小区，年均气温 14℃以上，比全市平均高出 3～4℃，达到了亚热带标准。

1.2 生物资源

泰安市有高等植物 239 科 1212 种。此外还有少量珍稀、濒危动物以及一些古树、名木、花卉等。农作物分属 32 科 91 种 240 个推广品种，包括粮食、经济作物和蔬菜 3 大类。林果有木本植物 71 科 471 种（变种）。经济树种主要有苹果、梨、桃、板栗、核桃等 30 余种。观赏性树种有 40 余种，主要有雪松、园柏、银杏等。此外，还有珍稀树木 11 种；名古树木 16 种 884 株，主要有汉柏、唐槐、六朝松等。天然草场主要有荒山荒坡草丛草场、山丘疏林草丛草场、平原沙滩荒漠草甸草场、湖洼沼泽草场 4 大类、6.33 万公顷，另外还有各类附属草场 15.59 万公顷。中药材分属 110 科 488 种，名贵中药材有泰山灵芝、何首乌、紫草、四叶参、黄精和汶河的九草香附等。其中，何首乌、四叶参、紫草、黄精为泰山四大名药。

泰安市有动物 4 纲 385 种，浮游生物 35 科 136 种。畜禽品种 50 多个，东平、宁阳一带的鲁西黄牛，体大膘肥，繁殖力强，为全国四大良种牛之一，皮肉兼用，出口深受欢迎。小尾寒羊为世界稀有品种，主要产地东平县被列为山东省小尾寒羊保种基地。另外，新泰一带的大黑山羊、东平湖麻鸭也都属于地方良种。

泰安市水生生物种类繁多，共 290 多种。其中底栖动物属 38 科，以东平湖、稻屯湖为最多，主要有中华绒螯蟹（毛蟹）、鳖（甲鱼）、虾类、蚌类等。鱼类分属 7 目 19 科 47 属 66 种，主要有鲫鱼、鲤鱼、鲢鱼、草鱼等。东平湖鲤鱼最佳，属黄河鲤鱼种系，生于泰山深涧溪中的赤鳞鱼，是泰安市特有的珍稀鱼种，被列为省级保护的濒危动物；汶河鳜鱼肉质鲜美，属地方名优产品。野生动物中兽类分属 5 目 12 科 37 种：两栖动物分属 1 目 3 科 6 种；爬行动物分属 2 目 6 科 12 种；鸟类分属 17 目 38 科 190 余种，其中留鸟 48 种，夏候鸟 56 种。珍稀动物有属国家一类保护的黑鹳，国家二类保护的红角鸮、金雕。农作物天敌主要有胡蜂、益蝽、瓢虫等。

1.3 矿产资源

泰安市矿产资源丰富，已探明的地下金属、非金属和贵金属矿藏有煤矿、铁矿、铜矿、钴矿、金矿、铝土矿、石英石、蛇纹石、石膏、岩盐、钾盐、自然硫、钾长石、石棉、水泥石灰岩、花岗岩、大理石、陶土、耐火黏土等 50 个品种，占山东省固体矿产储量的 38%左右。其中硫矿为山东省所独有。

铁矿探明储量 5.4 亿吨，分布于东平县水河乡和市岱岳区角峪一带，埋藏浅，宜开采。煤炭探明储量 20.6 亿吨，主要分布于新泰市、肥城市和宁阳县，开发和利用位于山东省前列。自然硫分布于岱岳区米家庄，探明储量 3 亿吨，平均品位 9.91%。石膏集中在岱岳区大汶口镇，总储量 380 亿吨，是国内外罕见的大型石膏矿床，主要有雪花石膏、结晶石膏、纤维石膏等，矿石品位高，开采价值大。岩盐分布于岱岳区大汶口西北一带，矿区面积 36.44km^2，储量 74 亿吨，平均含盐量 86.7%，最高 98.44%，千米以上矿层总厚度为 40m，单层矿床厚度最高达 14.98m，为全国特大盐矿之一。花岗石主要集中于泰山南北，总储量约 50 亿立方米，质地坚硬，花纹绚丽，是名贵的建筑装饰材料和大型石雕用材，开采的主要有泰山青、泰山红、泰山绿、海浪花、吉祥绿、虎皮花等 12 个品种。泰山玉已探明矿石量 506.7 万吨，玉石量 207.1 万吨。

1.4 人口经济

截至 2022 年，根据第七次人口普查结果，泰安市常住人口为 547.22 万人。2022 年，泰安市经济社会发展呈现“稳”“进”“优”

3个特点。根据市级生产总值统一核算结果，2022年全年实现地区生产总值（GDP）3198.1亿元，比上年增长4.3%，增速居全省第6位。其中，第一产业增加值350.9亿元，增长4.7%；第二产业增加值1286.0亿元，增长6.8%；第三产业增加值1561.3亿元，增长2.3%。三个产业比例为11.0∶40.2∶48.8。

2022年泰安市居民人均可支配收入35260元，比上年增长5.2%，其中，城镇居民人均可支配收入43435元，增长4.1%；农村居民人均可支配收入23149元，增长6.3%。城乡居民收入比（以农村居民为1）由上年的1.92缩小至1.88。居民人均消费支出20193元，下降0.4%。其中，城镇居民人均消费支出24101元，下降2.4%；农村居民人均消费支出14404元，增长3.0%。恩格尔系数为25.5%。

1.5 交通运输

泰安市交通便利，公路方面有京沪、京广高速等4条高速公路，有国道4条、省道13条；铁路方面有泰安高铁站和泰山站两个铁路站，是山东重要的铁路交通枢纽；航运方面东平县有京杭大运河过境；航空方面北临济南遥墙机场。

截至2022年末，泰安市境内公路通车里程16937.6km，公路密度218.2km/100km^2。京杭大运河大清河航道基本具备通航条件，兖矿泰安港公铁水联运物流园项目码头工程和铁路专用线建设顺利推进。“四好农村路”建设任务圆满完成，新改建工程820km，村道安保工程150km，危桥改造30座，路面状况改善工程1070km。

截至2022年末，泰安市共有营业性运输车辆46613辆，货车中型以上比例66%，市直客运集约化比例81%。新开通定制公交线路4条，调整优化公交线路5条。泰安港东平港区老湖作业区完成吞吐量53.58万吨，全市营运船舶增至134艘。

1.6 文化卫生

截至2022年末，泰安市拥有公共图书馆7个，文化馆7个，美术馆2个。版权示范园区（基地）4家（国家级1家、省级3家），省级版权示范单位10家，国家级版权交易中心1家。现有市级以上非遗项目489个，其中国家级12个、省级59个。档案馆8个，馆藏档案资料总量216.2万卷（件），馆藏资料134279册，照片档案、音像档案30974张（盘），提供查档服务13154人次、提供利用档案资料32594件次。

截至2022年末，泰安市共有各级各类医疗卫生机构4716家，其中医院105家、乡镇卫生院67家、社区卫生服务中心（站）177家、村卫生室2985家、疾病预防控制中心（防疫站）8家、妇幼保健院7家、其他医疗机构1367家。医疗卫生机构拥有床位36208张，每千人拥有卫生床位数6.66张。卫生技术人员总数43779人，其中，执业（助理）医师16814人，注册护士19689人。

1.7 科技教育

2022年，泰安市高新技术企业发展到704家，其中7家跻身山东省科技领军企业行列；38家企业入选首批科技小巨人企业；1024家企业加入国家科技型中小企业库。2021年有研发活动的规模以上工业企业466家，比上年增加63家，占规模以上工业企业的38.0%，提高1.3个百分点。全部研发经费投入72.6亿元，比上年增长9.3%。每万名就业人员中研发人员为65.23人年，比上年增加17.2人年。

2022年，泰安市新增国家级专精特新“小巨人”企业23家、省级专精特新中小企业106家、瞪羚企业24家，4家企业入选省领军企业库，国家级制造业单项冠军17家。开展“千项技改扩规、千企转型升级”行动，全年实施工业技改投资项目719个，比上年增长26.4%。制造业高端化加快，装备制造业增加值增长16.5%、消费品制造业增加值增长12.9%、高技术制造业增加值增长42.8%。新旧动能转换“五年取得突破”目标如期实现。“雁阵形”产业集群和领军企业规模不断壮大，分别达到8个、10家，集群规模以上企业发展到525家。传统产业转型升级步伐加快，现代高效农业、高端化工、精品旅游产业项目投资分别增长15.7%、31.1%、27.5%；新兴产业加快培育，新一代信息技术、高端装备、新能源新材料、医养健康产业项目投资分别增长76.7%、20.6%、23.2%、80.3%。以新技术、新产业、新业态、新模式为代表的“四新”经济实现增加值984.0亿元，比上年增长9.9%，占国内生产总值（GDP）的30.8%，比上年提高0.9个百分点。

2022年，泰安市9所普通高校当年招生4.95万人，在校生14.01万人，专任教师6656人。14所中等职业学校在校生4.16万人，专任教师2296人。206所普通中学在校学生31.1万人，专任教师26854人。463所小学在校学生32.3万人，专任教师21240人。学龄儿童入学率、成人识字率均达到100%，小学毕业生升学率达到100%，初中毕业生升入普通高中的升学率达到56.95%。

第2章 泰安市大气环境保护研究

大气环境是生态环境的重要组成部分，空气质量优劣与生产和生活密切相关。泰安市是全国著名的旅游开放城市，泰安市空气质量的状况对泰安旅游等各项经济事业的发展有着极为重要的影响。

2.1 泰安市环境空气监测体系

环境空气监测体系为政府生态环境管理决策、大气污染防治、环境空气质量信息公开提供了有力支撑，同时也是大数据时代体现政府治理能力的重要标志，为生态环境治理体系与治理能力现代化奠定基础。近年来，泰安市构建了包括城区空气质量、乡镇空气质量、环境空气挥发性有机物、城市环境空气降尘量、酸雨、企业废气污染源等为主要内容的监测体系。

2.1.1 城市与乡镇空气质量监测体系

截至 2022 年，泰安市共建设城市空气质量自动监测站点 15 处、乡镇空气质量自动监测站 73 处，实现了对全市 88 个乡镇、办事处的全覆盖。空气质量监测点的设置依据本地区多年的环境空气质量状况及变化趋势、产业和能源结构特点、人口分布情况、地形和气象条件等因素。按照行政区域划分，城市建成区空气质量自动监测点位在泰山区设置 5 个，岱岳区、新泰市区、肥城市区、宁阳县城区、东平县城区分别各设置 2 个。按照监测事权划分，包括 3 个国控站点、12 个山东省控站点，其他 73 个乡镇各设置 1 个市控监测点。国控站点由中国环境监测总站委托社会化运维机构承担日常运维，省控站点和县级站点由省级管理，由山东省环境信息与监控中心委托社会化运维机构承担日常运维。

环境空气站点主要监测指标包括二氧化硫（SO_2）、氮氧化物（NO_x）、可吸入颗粒物（PM_{10}）、细颗粒物（$PM_{2.5}$）、一氧化碳（CO）、臭氧（O_3），并同步测定有关气象参数（温度、湿度、气压、风向、风速），实行每天 24h 连续监测。

2.1.2 环境空气挥发性有机物监测体系

挥发性有机物（VOC）是 O_3 污染的前体物，为了精准掌握泰安市 O_3 生成因素和城区当前大气环境 VOC 的主要排放分布情况，摸清导致 O_3 污染的 VOCs 种类，掌握 VOCs 的浓度水平和变化规律，深入推进 O_3 污染防治，2020 年起，泰安市基于现有环境空气质量监测网络子站，结合气象及历史污染特征，对 VOCs 影响进行布点分析。

泰安市对上风向或对照监测点、VOC 高浓度点位、城市人口密集区内的 O_3 高值点、地区影响边缘监测点（下风向点位）四类点位开展环境空气 VOC 手工监测，共计监测 70 项指标。上风向或对照监测点用来确定上风向 O_3 前体物的传输对本地区的影响，监测本地区的背景浓度，这些监测点应该与本地区主要的污染源有足够的距离，以免受到本地污染影响；VOC 高浓度点位用来监测城市区域 VOC 污染可能出现的最大值，布设在城市区域内 VOC 排放行业较密集的地区；城市人口密集区内的 O_3 高值点直接设置在人口或者敏感人群密度较大的地区；地区影响边缘监测点（下风向点位）用来监测地区 VOC 影响的边缘，这些数据可以用来描述本地区对下风向地区的影响，这类监测点布设在城市午后主导风向的下风向轨迹上，并且在距离城市较远地区。

泰安市通过建立四位一体综合监测方案，构建城市 VOC 污染因子的监测-排查-溯源-监控一体化监管系统，实现了 VOC 的精准管控、科学管控和依法管控，提高了 VOC 的监管效率。利用正定矩阵因子分解模型进行数据汇集和重点分析，找出对 O_3 生成敏感性高的相关 VOC 物质，实现了从源头分析污染原因，精确寻找“病因”。利用先进的气质联用仪监测车，采取走航与定点监测相结合的方式，摸清城市 VOC 排放分布状况，快速溯源，实现靶向治理。通过精准管控获得全市 VOC 的化学组成及时空分布特征，量化不同污染源的 VOC 贡献率及时空分布，并识别重污染天气中 VOC 的主要来源，促进了泰安市臭氧污染协同防治方案的建立，使监管职能由“末端监控”向“过程监控”转变，由“环境应急响应”向“日常风险防控”转变。

2.1.3 空气降尘量监测与酸沉降监测体系

降尘可以产生更小的颗粒物，成为环境空气中各类二次反应的载体，为掌握空气降尘水平，进一步研判降尘量与工地、道路、堆场等尘源的对应关系，全力推动大气精细化治理，泰安市在辖区泰山区、岱岳区、新泰市、肥城市、宁阳县、东平县 6 个县市区设置 14 个环境空气降尘监测点位（表 2-1），降尘监测为每月一次。同时为应对酸沉降，减少酸雨对水生生态系统、陆生生态系统、材料和人体健康等方面的损害，全市共设置酸雨监测点位 7 个，其中泰安市城区、新泰市各 2 个，肥城市、宁阳县、东平县各 1 个，开展 12 项指标监测。根据《环境空气降尘的测定重量法》（GB/T 15265—94）进行分析，按照《山东省打赢蓝天保卫战作战方案暨 2013～2020 年大气污染防治规划三期行动计划（2018～2020 年）》规定的各市平均降尘量不得高于 9t/(月·km^2）评价达标情况。

表 2-1　泰安市降尘监测位点

序号	点位名称	所在辖区
1	人口学校	泰山区
2	监测站	泰山区
3	电力学校	泰山区
4	农大新校	泰山区
5	厚丰公司	泰山区
6	交通技校	岱岳区
7	信通科技	高新区
8	环境保护局	肥城市
9	监测站	东平县
10	园区管委	东平县
11	孙村社区	新泰市
12	气象局	新泰市
13	实验中学	宁阳县
14	职教中心	宁阳县

2.1.4　涉气污染源监测体系

在涉气污染源监测方面，泰安市依法推动落实涉气企业自行监测，建立企业自行监测和监督性监测的信息公开通报制度。根据排放标准、环评及批复和排污许可证等要求，泰安市列入 2019 年度重点涉气污染源监督性监测企业名录 76 家企业，为加强固定污染源废气 VOC 监测工作，对 200 家企业开展固定污染源废气 VOC 专项监测。排污单位自行监测是构建大气污染治理与环境空气监测的重要内容，泰安市政府推动监管重心从监管排污向监管排污和监管自行监测行为并重转变，要求排污许可证核发企业、设区市以上重点排污单位、VOC 排污单位名录库企业以及 2014 年以来列入国家重点监控企业名单等 85 家企业开展自行监测。同时对列入年度重点排污单位名录的大气环境重点排污单位、烟囱几何高度高于

45m 的废气高架源以及排污单位自行监测技术指南中有自动监测要求的排污单位等 87 家企业涉气污染源依法开展在线自动监测。

2.1.5 大气热点网格化监管体系

所谓“热点网格”技术是指基于高分辨率气象数据和多来源卫星遥感数据，结合布设的高密度空气质量监测设备提供的数据，进行大数据分析和人工智能计算，实现空气质量数据智能质控及多源数据融合，精准识别污染源头的一种技术。

自 2020 年开始，泰安市开始建设主城区大气污染热点网格监管项目。根据生态环境部热点网格监管要求，同时结合主城区大气污染监管要求，点位布设充分考虑泰安市主城区污染企业布局，科学布设覆盖泰安市主城区热点网格及重点区域，即环境敏感区域（考核站周边）、用生态环境部技术识别的“热点网格”区域、重点污染企业区域、交通主干道监测点、重要边界传输点，共包括 40 台六参数高密度空气质量监测设备（$PM_{2.5}$、PM_{10}、NO_2、CO、SO_2、TVOC）、116 台五参数高密度空气质量监测设备（$PM_{2.5}$、PM_{10}、NO_2、CO、O_3）、6 台五参数高密度空气质量监测设备（SO_2、NO_2、CO、O_3、TVOC）、9 台四参数高密度空气质量监测微站（$PM_{2.5}$、PM_{10}、NO_2、CO）、48 台三参数（NO_2、CO、O_3）高密度空气质量监测微站（NO_2、CO、O_3）。同时，按照生态环境部《热点网格现场检查指南（试行）》及《$PM_{2.5}$ 污染较重网格排查整改指南（试行）》的要求进行热点网格的信息推送、核查、反馈等工作。

泰安市建立了大气热点网格监管的三级平台管理体系。其中市生态环境局为一级平台，各区分局为二级平台，街道、乡镇为三级平台（图 2-1）。三级平台的相关人员通过到现场排查，将发现的问题通过手机应用程序反馈到平台，对于可以立即整改的内容可就地整改，对于无法整改内容在反馈时进行说明。二级平台根据三级平台反馈的问题将其转办给其他部门，如住房和城乡建设局、城市管理综合行政执法局、环卫部门等，其他部门整改完毕后需提交给二级平台。二级平台根据整改情况将问题标记为完结，或要求继续进行整改。一级平台负责指挥、协调，根据报警及反馈情况，对问题严重的区域进行重点帮扶，对二级平台无法整改的问题与有关市直部门进行协调。与工业企业污染源在线监测系统不同，“热点网格”是针对 3km×3km 网格内七项参数的实时监测，特别是对无组织排放十分有效。

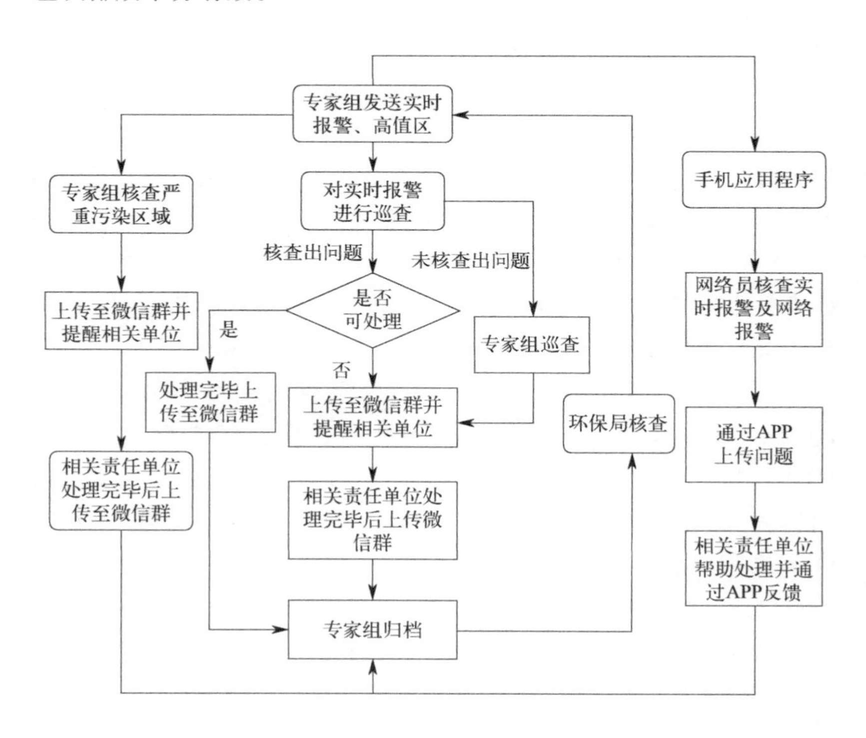

图 2-1　泰安市热点网格管理体系

通过“热点网格”监管平台，泰安市建立了高时空精度的“天空地”一体化的三维立体空气质量监测体系，实现 24h 在线管控，全面感知空气质量状态，精准、快速锁定污染源头，为政府提供更为精细化的溯源及达标监管。2020 年 4 月至今，依托“热点网格”

监管平台，泰安市共查处各类环境污染事件900余起，显著提高了发现问题、解决问题的效率。在2021年全国环境互联网会议上，泰安市主城区热点网格项目获得年度智慧环保创新十大案例。

2.2 泰安市环境空气功能区分类及质量现状

2.2.1 环境空气质量分级标准

城市环境空气质量水平的高低反映了空气污染的程度，它主要依据空气中各种污染物的质量浓度大小来判断。2000年中国环境监测总站颁布《城市空气质量日报技术规定》，依据该规定，我国空气质量采用空气污染指数（Air Pollution Index，API）进行评价。

API是一种向公众公布的、反映和评价空气质量的指标。它将常规监测的几种大气污染物（SO_2、NO_x 和TSP）浓度简化成为单一的概念性指数值形式，并分级表征空气质量级别、空气质量状况及对人体健康的影响，适合表示城市的短期空气质量状况和变化趋势。表2-2给出了我国城市环境空气质量日报空气污染指数（API）分级标准。

表2-2 我国城市环境空气质量日报空气污染指数（API）分级标准

空气污染指数(API)	污染物浓度/(mg/m^3)				
	SO_2（日均值）	NO_2（日均值）	PM_{10}（日均值）	CO（小时均值）	O_3（小时均值）
50	0.050	0.080	0.050	5	0.120
100	0.150	0.120	0.150	10	0.200
200	0.800	0.280	0.350	60	0.400
300	1.600	0.565	0.420	90	0.800
400	2.100	0.750	0.500	120	1.000
500	2.620	0.940	0.600	150	1.200

依据API数值将我国城市环境空气质量划分为7级（表2-3），

对应的指数越大，说明污染越严重。

表 2-3　环境空气质量分级标准

空气污染指数(API)	空气质量分级标准	空气质量状况	对人体健康的影响	拟采取的措施
0～50	Ⅰ	优	可正常活动	
51～100	Ⅱ	良	可正常活动	
101～150	Ⅲ1	轻微污染	易感人群症状有轻度加剧，健康人群出现刺激症状	心脏病和呼吸系统疾病患者应减少体力消耗和户外活动
151～200	Ⅲ2	轻度污染		
201～250	Ⅳ1	中度污染	心脏病和肺病患者症状显著加剧，运动耐受力降低，健康人群中普遍出现症状	老年人和心脏病、肺病患者应在停留在室内，并减少体力活动
251～300	Ⅳ2	中度重污染		
＞300	Ⅴ	重度污染	健康人群明显出现强烈症状，提前出现某些疾病	老年人和病人应当留在室内，避免体力消耗，一般人群应避免户外活动

自 2013 年 1 月 1 日起，全国各大城市已执行新的《环境空气质量标准》（GB 3095—2012），并按《环境空气质量指数（AQI）技术规定（试行）》(HJ 633—2012）发布空气质量指数（Air Quality Index，AQI），替代了原有的空气污染指数（API）。AQI 分级计算参考的是新的环境空气质量标准，参与评价的污染物为 PM_{10}、SO_2、NO_2、O_3、CO、$PM_{2.5}$ 六项。评价因子在原来基础上增加了 O_3、CO 和 $PM_{2.5}$ 三项，以更好地表征环境空气质量状况，反映我国当前复合型大气污染形势（表 2-4）。

表 2-4　空气质量指数（AQI）及对应的污染物项目浓度限值（HJ 633—2012）

空气质量指数(AQI)	SO_2 /(μg/m³)		NO_2 /(μg/m³)		NO_2 /(mg/m³)		O_3 /(μg/m³)		PM_1 /(g/m³)	$PM_{2.5}$ /(g/m³)
	24h	1h①	24h	1h①	24h	1h①	1h	8h	24h	24h
0	0	0	0	0	0	0	0	0	0	0

续表

空气质量指数(AQI)	SO_2 /(μg/m³)		NO_2 /(μg/m³)		NO_2 /(mg/m³)		O_3 /(μg/m³)		PM_1 /(g/m³)	$PM_{2.5}$ /(g/m³)
	24h	1h①	24h	1h①	24h	1h①	1h	8h	24h	24h
50	50	150	40	100	2	5	160	100	50	35
100	150	500	80	200	4	10	200	160	150	75
150	475	650	180	700	14	35	300	215	250	115
200	800	800	280	1200	24	60	400	265	350	150
300	1600	②	565	2340	36	90	800	800	420	250
400	2100	②	750	3090	48	120	1000	③	500	350
500	2620	②	940	3840	60	150	1200	③	600	500

① SO_2、NO_2、CO的1h平均浓度限值仅用于实时报，在日报中需使用相应污染物的24h平均浓度限值。

② SO_2的1h平均浓度值高于800μg/m³的，不再进行其空气质量分数计算，按24h平均浓度计算的分指数报告。

③ O_3的8h平均浓度值高于800μg/m³的，不再进行其空气质量分数计算，按1h平均浓度计算的分指数报告。

按照HJ 633—2012将日历年内有效的O_3日最大8h平均值、CO 24h平均值按数值从小到大排序，取第90%位置的O_3日最大8h平均值与国家标准日最大8h平均浓度限值比较，判断O_3达标情况；取第95%位置的CO的24h平均值与标准浓度限值比较，判断CO达标情况。

GB 3095—2012调整了指数分级分类表述方式，与对应级别空气状况对人体健康影响的描述更匹配，完善了空气质量指数发布方式，将日报周期从原来的前一日12时到当日12时修改为0～24时，实时发布时间周期为1h，发布频次更高，其评价结果也将更加接近公众的真实感受（表2-5）。

表 2-5　空气质量指数分级

AQI	空气质量指数级别	空气质量指数类别及表示颜色		对人体健康的影响	拟采取的措施
0～50	一级	优	绿色	空气质量令人满意，基本无空气污染	各类人群可正常活动
51～100	二级	良	黄色	空气质量可接受，但某些污染物可能对极少数异常敏感人群健康有较弱影响	极少数异常敏感人群应减少户外活动
101～150	三级	轻度污染	橙色	易感人群症状有轻度加剧，健康人群出现刺激症状	儿童、老年人及心脏病、呼吸系统疾病患者应减少长时间、高强度的户外锻炼
151～200	四级	中度污染	红色	进一步加剧易感人群症状，可能对健康人群心脏、呼吸系统有影响	儿童、老年人及心脏病、呼吸系统疾病患者应避免长时间、高强度的户外锻炼，一般人群适量减少户外运动
201～300	五级	重度污染	紫色	心脏病和肺病患者症状显著加剧，运动耐受力降低，健康人群普遍出现症状	儿童、老年人及心脏病、呼吸系统疾病患者应停留在室内，停止户外运动，一般人群减少户外运动
>300	六级	严重污染	褐红色	健康人群运动耐受力降低，有明显症状，提前出现某些疾病	儿童、老年人和病人应当留在室内，避免体力消耗，一般人群应避免户外运动

2.2.2　泰安市环境空气功能区分类

环境保护部（现生态环境部）颁布的 GB 3095—2012 规定了环境空气功能区分类、标准分级、污染物项目、平均时间、浓度限值、监测方法、数据统计的有效性规定及实施与监督等内容。对环境空气质量监测、污染防治以及环境管理水平提出了更高要求，调整了污染物项目及限值，增设了 $PM_{2.5}$ 平均浓度限值和 O_3 的8h平均浓度限值，收紧了 PM_{10}、NO_2 等污染物的浓度限值。

根据GB 3095—2012规定，环境空气功能区分为两类：一类为自然保护区、风景名胜区和其他需要特殊保护的区域；二类为居住区、商业交通居民混合区、文化区、工业区和农村地区。对于不同的功能区域有相应的质量要求：一类地区适用一级浓度限值；二类地区适用二级浓度限值（表2-6）。

按照泰安市环境空气质量功能区划的要求，全市除了泰山国家级森林公园等6个森林公园被划为一类地区，执行GB 3095—2012一级标准外，其他地区全部为二类地区，执行GB 3095—2012二级标准。

表2-6 大气污染物基本项目浓度限值（GB 3095—2012）

序号	污染物项目	平均时间	浓度限值		单位
			一级	二级	
1	SO_2	年平均	20	60	μg/m³
		24h平均	50	150	
		1h平均	150	500	
2	NO_2	年平均	40	40	μg/m³
		24h平均	80	80	
		1h平均	200	200	
3	CO	24h平均	4	4	mg/m³
		1h平均	10	10	
4	O_3	日最大8h平均	100	160	μg/m³
		1h平均	160	200	
5	PM_{10}	年平均	40	70	μg/m³
		24h平均	50	150	
6	$PM_{2.5}$	年平均	15	35	μg/m³
		24h平均	35	75	

续表

序号	污染物项目	平均时间	浓度限值		单位
			一级	二级	
7	TSP	年平均	80	200	μg/m³
		24h 平均	120	300	
8	NO_x	年平均	50	50	μg/m³
		24h 平均	100	100	
		1h 平均	250	250	
9	Pb	年平均	0.5	0.5	μg/m³
		季平均	1	1	
10	苯并芘	年平均	0.001	0.001	μg/m³
		24h 平均	0.0025	0.0025	

2.2.3 泰安市环境空气质量现状

按照 GB 3095—2012 二级标准，对 2014～2022 年泰安市环境空气质量状况进行统计，见图 2-2。

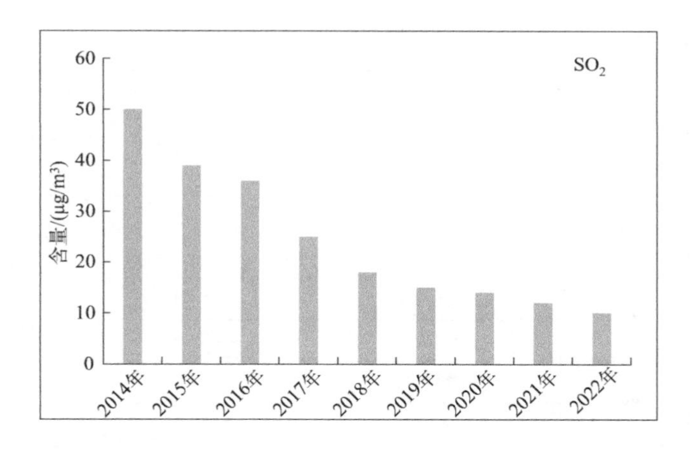

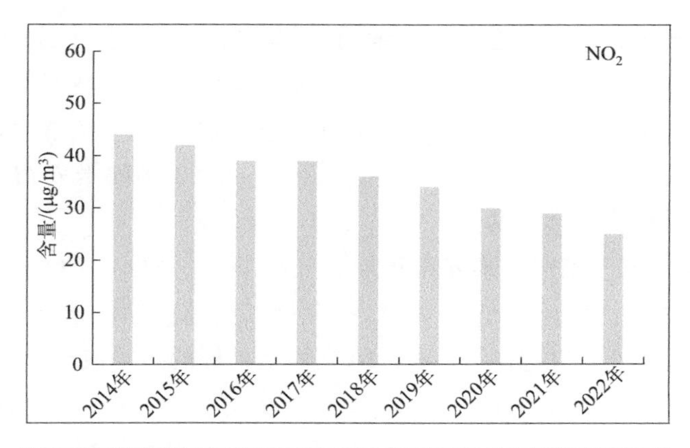

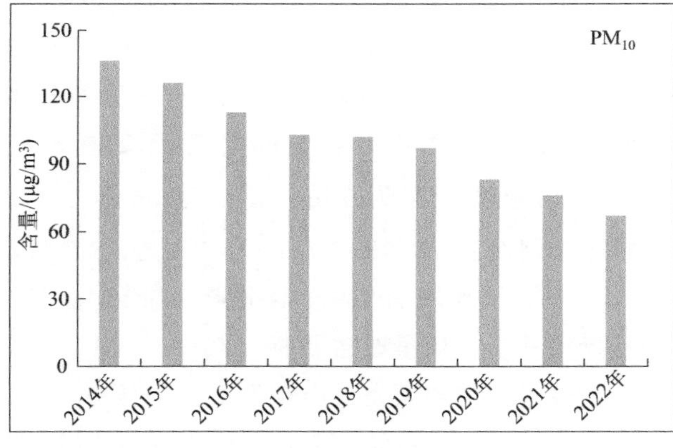

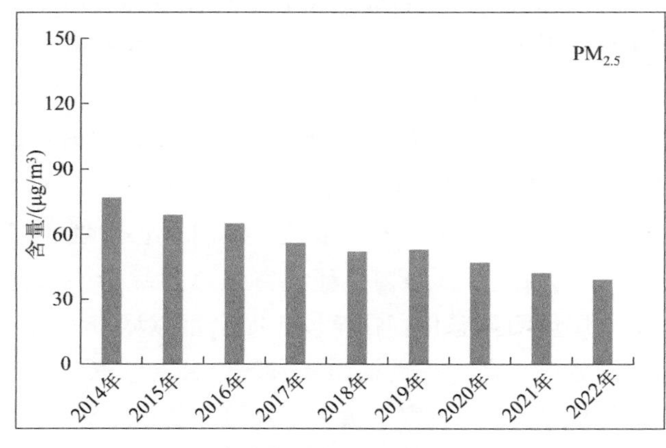

图 2-2 泰安市环境空气质量（年均值）

近年来，泰安市面临较为严重的空气污染问题，2014年在全国重点监控的258个城市中，泰安城市空气污染指数排名第107位，而2015年更为严重，在全国重点监控的323个城市中，泰安城市空气污染指数排名第305位。2014～2022年间泰安市空气质量总体呈稳步改善之势。

“十三五”期间，泰安市环境空气中SO_2、NO_2、CO三个指标的浓度达标，PM_{10}、$PM_{2.5}$、O_3三个指标超标。总体来看，“十三五”期间PM_{10}、$PM_{2.5}$、SO_2、NO_2四项指标的年均值与“十二五”期间相比分别下降17.8%、27.4%、59.6%、22.7%。其中，O_3、$PM_{2.5}$为两种首要污染物，并呈现出明显的季节性变化及空间差异。

2018年是《山东省打赢蓝天保卫战作战方案暨2013～2020年大气污染防治规划年行动计划（2018～2020年）》（以下简称“三年行动计划”）的开局之年，泰安市大气污染物SO_2、NO_2、PM_{10}、$PM_{2.5}$平均浓度分别为18$\mu g/m^3$、36$\mu g/m^3$、102$\mu g/m^3$、51$\mu g/m^3$，同比分别改善28.0%、7.7%、1.0%、8.9%，空气质量优良率为57.5%，同比增加2.9个百分点；除PM_{10}指标外，基本完成了全年既定的空气质量改善目标，其中，$PM_{2.5}$、空气质量优良率两项约束性指标均超额完成山东省下达的任务，SO_2、NO_2也在达到二级标准的基础上持续改善，但仍出现了PM_{10}出现连续数月同比反弹的现象。与2014年相比，2018年泰安市空气质量优良天数增加了73天，重污染及以上天数减少了5天。

2017～2019年，泰安市O_3浓度一直位于山东省前列，成为影响泰安市环境空气质量的重要因素。2019年1～9月，泰安市$PM_{2.5}$、PM_{10}、NO_2、CO、O_3浓度均值同比分别上升19%、8%、14.3%、23.1%、10.4%，环境空气质量综合指数同比上升12.9%，空气质量明显恶化，在全国168个重点城市中空气质量改善幅度排名倒数第一名。先后被山东省政府公开约谈、被中央生态环境保护督察办公室专项督察、被生态环境部约谈。2019～2020年，泰安市环境空气质量综合指数为5.68，空气质量属于中度污染。

2020年，泰安市仅SO_2、NO_2、CO达到GB 3095—2012二级标准，环境空气中O_3日均浓度超标率为17.8%，$PM_{2.5}$日均浓度超标率为13.6%，PM_{10}日均浓度超标率为9.3%，六项污染物中$PM_{2.5}$污染分担率居首位，占27%，其次为PM_{10}，占24%，颗粒物污染突出。SO_2、NO_2、CO、PM_{10}、$PM_{2.5}$均呈现出第二、三季度小于第一、四季度的特点。O_3浓度第一、四季度较小，第二、三季度较大，第三季度各项污染物浓度均相对较低，空气质量良好。2020年，泰安市平均年大气降尘量4.56t/(km^2·30d)，月均值变化范围在3.6～6.8t/(km^2·30d)之间，均低于山东省考核标准[9t/(km^2·30d)]。

2022年，泰安市$PM_{2.5}$平均浓度为39$\mu g/m^3$，O_3平均浓度为178$\mu g/m^3$，同比分别下降7.1%和3.3%，优良天数254天，比2021年增加26天，O_3、SO_2、重污染天数等指标改善幅度位居全省第1位，空气质量综合指数改善幅度位居全国168个重点城市第8位、全省第2位，优良率、CO等指标改善幅度位居全省第2位，为山东省唯一所有空气质量指标均改善的地市。

2.3 泰安市大气污染物来源及影响因素

2.3.1 污染物来源

“十三五”期间，泰安市大气污染以尘污染为主，呈扬尘、燃煤和机动车尾气复合污染特征，并呈现出明显的季节性变化及空间差异。泰安市城区现有火电、制药、化工、建材等29家废气重点污染源，以及92家VOC重点排污单位，同时71万辆机动车尾气排放、道路及施工扬尘等面源污染也是影响环境空气质量的重要因素。

2.3.1.1 工业污染源

李光德等（1998年）对泰安市的主要大气污染物及来源进行评价发现，泰安市的主要污染物为SO_2，主要污染源为石横电厂、新汶发电厂、宁阳电厂、瑞星集团化工厂和泰安热电厂等，其等标污染负荷占总污染负荷的88.61%；赵敬民（2000年）对泰安市1990～1997年的主要大气污染物监测数据进行分析发现，泰安市空气污染的类型属烟煤型污染（还原型），主要是因为泰安市是全省主要煤炭基地之一，所产煤均属烟煤，含硫量高，能源消耗以煤为主，在工艺生产和生活排放出的废气中，所含的SO_2、NO_x、CO、CO_2、H_2S等成分构成了大气烟煤型的污染（主要交通地段汽车尾气污染有所加重）。

当前泰安市能源结构仍以煤炭为主，造成的环境污染较重。泰安市的东城热电、城建热电、鲁邦大河、满庄热电等大型热电厂及周边工业区内的燃煤企业，废气排放量较大，且距离市区较近，排放的污染物很容易扩散到市区。上述企业排放的废气主要影响泰安市空气中的SO_2浓度，对泰安市空气中的SO_2浓度值贡献较大，是泰安市空气中SO_2的主要来源之一。

2.3.1.2 城市扬尘

近几年，我国正处于建设阶段，为了拉动内需，泰安市新上项目较多，建筑施工工地随处可见，扬尘污染严重，导致PM_{10}监测值呈缓慢升高趋势。其中，城市建筑、道路和拆迁施工等工程中，建筑原材料和建筑垃圾由于遮盖不严，易产生扬尘；道路干燥，车辆驶过易产生道路扬尘；运输沙土、建筑垃圾及生活垃圾的车辆密闭不严，易在道路上遗撒沙土和垃圾，加重了道路扬尘的污染；市区的裸露地面较多，在有风天气下易产生扬尘。城市扬尘是泰安市空气中PM_{10}的主要来源。

2.3.1.3 机动车尾气

近年来随着经济的快速发展，泰安市汽车保有量持续增加。随着机动车数量的增加，机动车尾气污染也不断加重，主要对空气中的SO_2和颗粒物浓度值影响较大。2021年泰安市机动车保有量为102万余辆，柴油车保有量为9万余辆，柴油车不足机动车总保有量的1/10，

而柴油车的 NO_x 排放量却占机动车 NO_x 排放量的一半以上。柴油车尤其是柴油货车已经成为泰安市机动车污染防治的重中之重。另外，全市包括各类工程机械在内的非道路移动机械较多，其排放的大气污染物不容忽视，特别是存在一些工程机械作业过程中冒黑烟的问题，对泰安市环境空气质量造成明显影响。刘敏（2022 年）研究发现，随着市区机动车保有量不断提高，大气中 O_3 前体物 VOCs 与 NO_x 也显著增加，导致当地环境空气问题越来越突出。

2.3.1.4 秸秆焚烧

秸秆焚烧是指将农作物秸秆用火烧从而销毁的一种行为。秸秆的主要成分是植物纤维素，秸秆焚烧的废气中含有大量的 PM_{10} 和 SO_2，其对重污染“雾霾”天气的形成和加重起到推波助澜作用，并产生大量有毒有害物质，对人与其他生物健康构成威胁。每年夏秋两季，在我国很多城市周边甚至市区内都会不同程度地出现焚烧秸秆的现象。虽然政府明令禁止秸秆焚烧，但此现象仍然比较严重，加重了城市空气污染。

2.3.1.5 低空污染

随着气温的不断上升，人们外出活动增加，尤其是在夏天，泰安市区及泰山景区周边会出现大量的露天烧烤摊。在大家消暑避夏、开怀畅饮的同时，也对泰安市城区的空气质量造成了严重影响。另外，泰安市城区的营业性炉灶以及单位食堂并未全部改用清洁能源，部分餐馆、饭店的营业性炉灶并未按照要求安装油烟净化装置，也会造成环境污染。

2.3.1.6 生态因素

泰安市山地、丘陵面积大，且土层瘠薄、环境脆弱，生态环境退化，裸露地表较多；平原地区农田防护林网的规模较小、森林覆盖率偏低，并且平原地区的覆盖率比山丘地区低很多；乱采乱挖、乱砍滥伐造成植被破坏和扬尘污染；冬春季气候干燥少雨，多风，极易形成扬尘污染。泰安市尤其是城乡结合部道路扬尘严重，对泰安市空气中 PM_{10} 的贡献率较大。

2.3.2 气象因素

气象因素对城市空气质量的影响至关重要，特别是对 PM_{10} 的污染状况起着决定性作用。在污染源排放量没有大的变化情况下，风、雨、气压、温度等气象条件则会影响污染物的扩散，直接影响空气质量。泰安市属华北暖温带半湿润大陆性季风气候，多年平均气温 12.9℃，年平均降水量 770mm，夏季降水量占全年降水量的 65%，年平均相对湿度 65%。全年盛行风向为东北（NE）风。

2.3.2.1 温度

一般条件下，气温是随着高度的增加而降低的，平均每上升 100m 高度，温度约降低 0.6℃。大气底层温度高，空气密度小；高层温度低，空气密度相对较大，造成了“头重脚轻”的现象，大气层结就不稳定，容易上下翻滚而形成对流，使低层特别是近地面层空气中的污染物和粉尘向高空移散，从而减轻在大气低层的污染程度。

泰安市全年大气稳定度以中性天气出现频率最多，为 45.8%；稳定天气出现频率为 33.6%，且一般出现在晚上；不稳定类天气较少出现，且一般在白天出现。同时，夜间的大气混合层高度较低且稳定少变。所以，泰安市市区大气对污染物的扩散稀释能力白天强于夜间，造成夜间数据回升明显。泰安市每年 4～10 月 O_3 浓度比较高，容易出现超标情况；5 月进入初夏，温度不断升高，降水少，高温低湿天气对 O_3 的光化学生成非常有利，O_3 浓度比较高；8～9 月处于副热带高压控制期，太阳辐射比较强，温度高，光化学反应最强，O_3 浓度也较高。栾兆鹏等（2023 年）对 2016～2019 年泰安市近地面大气 O_3 污染特征进行分析发现，泰安市 O_3 超标高发期主要出现在夏季的 7、8 月份。

李凯等（2020 年）在 2018 年 5～7 月对泰安市城区站点的 O_3

及前体物进行在线监测发现，O_3 浓度的日变化呈单峰形，O_3 在 13:00～17:00 浓度较高，15:00 左右出现最高值，VOCs、NO_2 日变化趋势整体呈现夜间高、白天低的变化特征，NO 峰值出现在 06:00 左右（图 2-3）。

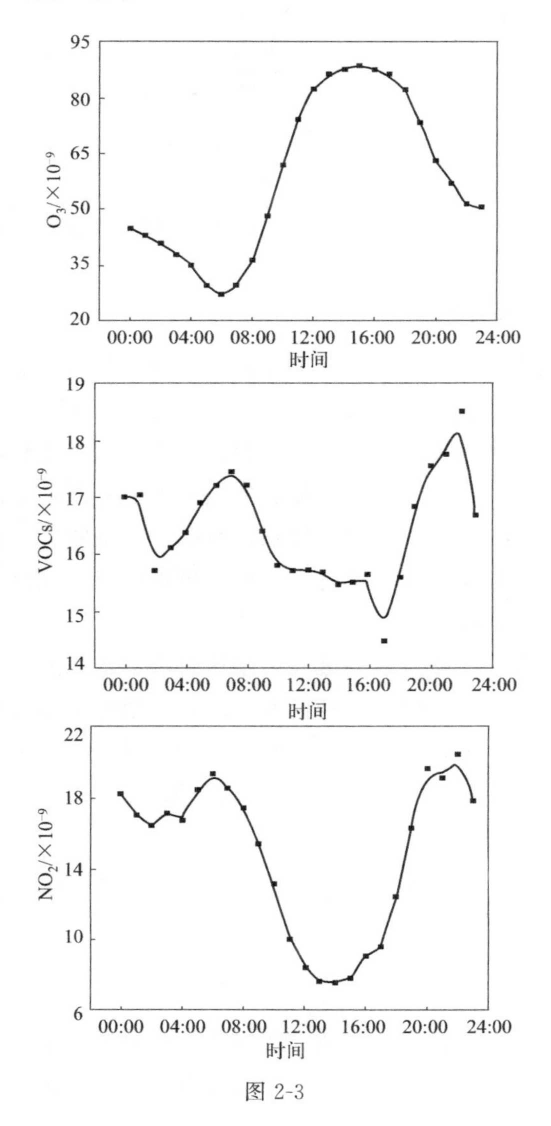

图 2-3

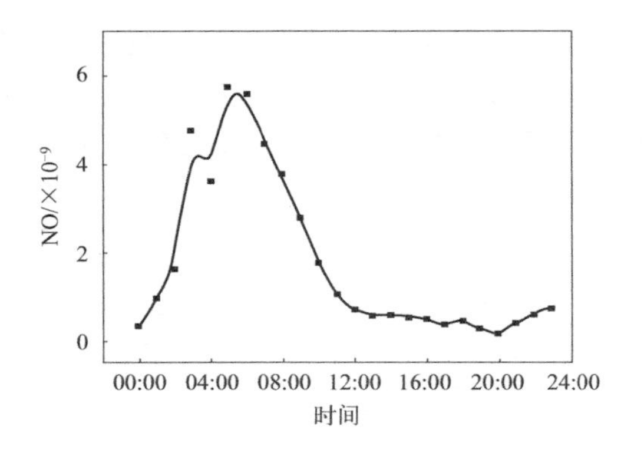

图 2-3　O_3、VOCs、NO_2 和 NO 日变化特征（李凯等，2020 年）

2.3.2.2　逆温天气

逆温是指空气温度随高度增加而增高的大气垂直层结现象。一般来说，冬季逆温层较强较厚，维持时间较长；夏季则相对偏弱。通常在晴朗微风的夜间有逆温现象存在，低层大气比较稳定，不利于污染物扩散。太阳出来后，随着地表温度的升高，逆温层逐渐消失，大气湍流混合和垂直对流加强，有助于污染物质的扩散。大气逆温现象直接影响大气污染物的扩散，出现逆温天气会加重大气污染，危害人们健康。

对泰安市空气质量影响最大的是辐射冷却造成的逆温。秋末和冬季晴朗无风的天气里，一到傍晚日落时，地面强烈地向空中辐射热量，使地面和近地面空气温度迅速下降，而上层空气降温较慢，从而出现气温上高下低的现象，形成逆温层。又因为冬季昼短夜长，晚上辐射降温时间长，往往使低空辐射逆温层更多出现。白天，由于日照增温不足，使逆温层终日难以破坏。因此，泰安市冬季空气质量最差。

2.3.2.3　风

风是影响大气污染物扩散、稀释的最重要的一个因子，空气污染与风速、风向有关。风速的大小决定着污染物的扩散速率，而风向则决定着污染物的落区。泰安市静风频率全年平均为16.36%，秋季最高，为22.56%；春季最低为8.33%。静风时，污染物在污染源附近各方位均匀缓慢扩散，易在源附近地面出现污染物高浓度。除静风天气外，泰安市盛行风向较为集中，全年以东北（NE）风出现频率最高，为15.85%，北北西（NNW）风出现频率最小。春夏秋冬四季风向与全年一致，均以东北（NE）风出现频率为最高。从风速来看，近三年泰安市平均风速均为2.7m/s，春季风速较大，其中以4月份风速3.43m/s为最大；10月风速2.09m/s为最小。风速较小的时候不利于污染物扩散，各项污染物的浓度值也相对较高。一般来说，污染浓度与风速平方成反比，与污染源排放强度成正比。通常风速越大越有利于空气中污染物质的稀释扩散，而长时间的微风或静风会抑制污染物质的扩散，使近地面层的污染物质成倍地增加。

2.3.2.4 降水

自然降雨、降雪对大气污染物能起到清除和冲刷作用。在雨雪作用下，大气中的一些污染气体能够溶解在水中，降低空气中污染气体的浓度，较大的雨雪对大气污染物粉尘颗粒也起着有效的清除作用。降水与空气中的SO_2等气体混合溶解会形成酸雨，则是大气质量差的另一种表现形式。

从季节角度来说，冬季降水较少，气候干燥，刮风天气较少，光照较弱，日照时间短，逆温层较厚，且温度较低，大气对流不活跃等不利于空气中污染物质扩散的因素较多。夏季由于太阳辐射很强，因此大气对流活动旺盛，逆温层的生成存在时间缩短，且降雨天气较多，降雨量很大，对污染物质清除作用明显，使空气污染程度相对减轻。

2.3.2.5 特殊天气

（1）沙尘暴天气

近几年来，全球气候不断恶化，我国沙尘暴等恶劣天气频发。

在我国冬春干燥季节，几乎每年都有强大的西北风席卷整个北方甚至南方广大地区，将内蒙古和黄土高原的大量地表泥土和沙粒带到空中，形成大风浮尘、扬沙或严重的沙尘暴天气。经统计，20世纪60年代特大沙尘暴在我国发生过8次，70年代发生过13次，80年代发生过14次，而90年代至今已发生过20多次，并且波及的范围越来越广，造成的损失越来越重。一旦发生沙尘暴天气，北方地区首当其冲，受其危害，导致空气中PM_{10}的浓度严重超标，影响空气质量。泰安市属于北方城市，受沙尘暴的影响相对较大。

（2）雾霾天气

近些年来随着工业的发展，机动车辆的增多，污染物排放量和城市悬浮物大量增加，雾霾天气现象出现增多，危害加重。从分布情况来看，我国东部经济发达地区的雾霾天气发生频次远远多于西部地区。目前，我国有4个雾霾严重地区：黄淮海地区、长江河谷、四川盆地和珠江三角洲。

在雾霾天气下，大气稳定度高，水平方向静风现象增多，垂直方向出现逆温现象，导致空气中的污染物不易扩散，增加了霾核的数量，从而进一步增加雾霾的程度，如此形成恶性循环，导致空气中污染物的浓度上升，加重空气污染程度，使空气质量严重下降。泰安市位于黄淮海地区，雾霾天气相对较多并有逐年增加的趋势。雾霾天气对泰安市空气质量的影响越来越大。2016年12月泰安市爆发一次持续性霾污染事件，部分时段达严重污染。

2.3.3 地理因素

地理因素也是影响泰安市空气质量的主要因素之一。泰安市地处鲁中山区的一部分，地势自东北向西南倾斜，地形结构比较复杂，境内拥有多种地貌类型，山地、丘陵、平原、洼地湖泊兼而有之。

2.3.3.1 泰山山脉的阻滞作用

泰安市北依泰山，由于泰山山脉的阻滞作用，泰安市静风、小风频率占很大比重，不利于大气污染物的扩散。泰山对风速有很大影响，尤其是在冬季，泰山的阻滞作用极大削弱了主导风北风进入泰安市的风速，大大降低了风对空气中污染物的稀释、扩散作用。泰山在减缓北来污染物向泰安市扩散的同时也阻止了泰安市空气中的污染物向北扩散程度，不利于泰安市空气中污染物的扩散。

2.3.3.2 周边城市的影响

泰安市北邻济南市，南邻济宁市，东邻济南市莱芜区，西邻聊城市，东北为淄博市，这五个城市都是空气污染相对较重的城市，空气中的污染物会不同程度地向泰安市扩散，影响泰安市的空气质量。同时，肥城、新泰辖区内煤矿、电厂较多，烟囱林立，排放的污染物也会不同程度地对城区空气质量造成影响。栾兆鹏等（2019年）对 2016 年 12 月泰安市爆发的持续性雾霾原因进行调查研究时发现，污染物主要通过外来源传输，本地污染源贡献比率较小，占比约为 34%。污染物的高、低空传输路径不一致，低空污染物主要从安徽省水平输送至泰安市，高空污染物则先由河北省、河南省向南传输至安徽省、湖北省等地，再随南风气流向北输送至泰安市。

2.3.3.3 城乡结合部及热岛环流的影响

由于城市温度经常比农村高（特别是夜间），气压比乡村低，所以可以形成一种从周围农村吹向城市市区的特殊的局地风，称为城市热岛环流或城市风。这种风在市区汇合就会产生上升气流。因此，若城市周围产生较多的污染物，就会使污染物在夜间向市中心输送，特别是夜间城市上空有逆温层存在时，造成严重污染。热岛环流也是导致泰安市区空气中污染物浓度较高的原因之一。

2.3.3.4 城市规划影响

随着城市建设的日新月异，泰安市区的高层建筑物、体形大的建筑物和构筑物都能造成气流在小范围内产生涡流，阻碍气流运动，减小平均风速，降低近地层风速梯度，并使风向摆动很大，近地层风场变得很不规则。在建筑物背风区风速下降，在局部地区产生涡流，不利于气体扩散，导致空气中污染物的浓度较高，空气质量变差。

环山路以北的泰山风景名胜区空气质量最好，经过近年治理，基本上没有污染因素（除西路机动车尾气污染外），环山路以南至岱宗大街的文教、居民区空气质量比较好；岱宗大街以南、灵山大街以北的商业区无污染企业，污染以面源、流动污染源为主，空气质量居中；火车站周围的混合区以居民为主，空气污染以面源和流动源为主，空气质量较差；灵山大街以南、泮河以东的工业区是工厂集中区，有耗能大户如热电厂、化肥厂、造纸厂等污染企业，空气污染较重，空气质量最差。泰城无贯穿城市的主道路且部分道路较窄，造成车辆流通不畅，增长了汽车在道路的停留时间，增加了机动车尾气的排放。城市西区多为高层建筑，阻碍了泰城的空气流通，不利于空气中污染物的扩散。

2.4 泰安市大气环境保护措施

2.4.1 聚焦污染源头，精准施策治理

各类污染源头是保卫蓝天白云的“拦路虎”。$PM_{2.5}$、PM_{10} 主要源于火电与工业燃煤锅炉、道路施工及建筑工地扬尘等，道路扬尘污染对颗粒物贡献可达 50%以上；燃油机动车尾气排放是 NO_2 的主要来源；有机化工、包装、橡胶制品、涂装、制药等行业 VOCs 排放是导致 O_3 浓度持续上升的主要原因。对此，泰安市针对各类污染源头精准施策，切实采取科学可行的废气污染防治措施。

对于 $PM_{2.5}$、PM_{10} 烟煤型大气污染源，泰安市城区统一实施煤炭消费总量控制；坚持转方式、调结构，深入推进污染物减排。

加快淘汰落后的燃煤机组，推进清洁能源替代煤炭消费工作，大力实施天然气、电力等清洁能源采暖、供热；严格秋冬季重污染天气应急管控，统一组织实施工业企业差异化错峰生产，科学应对秋冬季边界层低、静稳等气象条件。加强重点区域散煤治理工作，划定并公布高污染燃料禁燃区，禁燃区内党政企事业单位、个体工商户严禁使用煤炭、木炭、木柴等高污染燃料；禁燃区内已通天然气区域禁用高污染燃料，未通天然气区域进行洁净煤配送、置换。以重点区域为中心，在一定范围内，对无法采取集中供暖的居民，逐步开展清洁煤的推广工作，对群众家里存储的高污染燃料进行置换。

聚焦土石方作业、带土带泥上路等易产生扬尘的环节，提出“十个百分之百”“六个不允许”、红黄蓝牌制度等措施，减少工地及车辆遗撒对道路的影响。对于建筑施工工地和道路等扬尘面源污染，严格落实施工现场和渣土车的扬尘控制措施，推进道路保洁湿式机械化作业。加严工地、裸露地面抑尘标准，周边拆迁工地、建筑工地裸露地面及存留建筑垃圾使用毛毡覆盖，在围挡布设雾化喷淋设施。加强重点区域道路保洁，重新规划机扫车、洒水车运行路线，增加机扫和洒水频次，适当增加深度保洁面积，夏秋季以开展雾炮车作业为主。强化工业企业扬尘无组织排放动态管控，对煤场、料场、渣场、停车场等物料存放场所未密闭，厂区道路未硬化，未设置喷淋、洒水降尘设施，出入厂区未规范建设冲洗平台的企业，依法依规进行处罚。

提高移动源污染防治水平，有效降低 NO_2 浓度。泰安市城区统一划定低排放控制区，严格落实机动车尾气环保检测、淘汰老旧车辆、提升油品质量保障等措施，因地制宜推广清洁能源用车，制定出台鼓励性政策，督促重点用车单位建立绿色运输责任制，逐步实现公务车、公交车、市政车辆、工程车辆、商混车、渣土车等更换为新能源车辆。

为了对秸秆焚烧进行有效管控，2022 年泰安市积极筹措资金，建成秸秆禁烧“智慧天眼”系统，利用 30～50m 通信铁塔架设高清红外双光谱热成像摄像机，实现对秸秆焚烧火点的自动识别、自动探测、自动报警，做到火点即点即报、精确定位，实现了秸秆禁烧工作的精细化管控。秸秆禁烧“智慧天眼”系统由前端系统、传输网络、监控平台三大部分组成。泰山区共安装高空视频监控点位8个，分别位于上高街道西张店村，徐家楼街道宅子村、夏家庄村，省庄镇东羊楼村、二十里埠村，邱家店镇石碑村、前燕村、逯家庄村。建成区级监控中心1个，街道镇监控中心4个。“智慧天眼”系统的建成，实现了对全区有可能焚烧秸秆的农田进行24h全覆盖全天候监控，有效提升了生态环境部门和街道镇对秸秆禁烧的综合管理能力，遏制了焚烧农作物秸秆、杂草、树叶和垃圾现象，为深入打好蓝天保卫战，建立起了“边界明确、责任落实、上下互动、横向到边、纵向到底”的网格化巡查和防控体系。

对于O_3的防治，泰安市按照协同减排、深度治理、超低排放、联防联控总思路，深入推进O_3污染防治攻坚。深度推进化工、工业涂装、包装印刷等VOC排放重点行业综合整治；纳入重点排污单位名录的VOC排放企业统一安装VOC在线监控设施。坚持“夏病冬治”“未病先防”，利用夏季O_3污染高发期来临前的冬季“窗口期”，开展VOC原辅材料源头替代、VOC污染治理达标、氮氧化物污染治理提升、臭氧精准防控体系构建、污染源监管能力提升五大行动，全力开展涉VOC问题排查整治和治理设施提标改造。涉VOC企业自主开展夏季错峰生产，加油站开展夜间降价促销活动，城区各类餐饮单位实现油烟净化设施安装全覆盖，新泰市羊流镇建成泰安市首个集中喷涂中心，实现对大型起重机械的集中喷涂和污染高效治理。采购国内先进的秒级多组分走航监测车，定性定量监测114种VOC组分，创新实施“走航监测五步法”，形成“科学计划-实施走航-反馈通报-跟踪问效-总结分析”闭环回路，精确识别、判断、定位大气污染源，及时查处违规违法行为，实现臭氧污染靶向治理。

2.4.2 完善在线系统，提升监控水平

为深入打好污染防治攻坚战，推进生态环境质量持续改善，泰

安市不断加强环境自动监控管理，完善在线监控系统能力建设，着力提升环境空气质量管理的系统化、科学化、精细化和信息化水平，为全市大气污染防治提供技术支撑。

一是常态化做好空气环境自动监测站点位日常管理。每日及时对市控站进行审核站点故障情况，督促运维人员及时处置，提高数据传输率，保障数据有效性；加强宣传教育，提高思想认识，定期对乡镇空气站点位基础保障工作开展抽查，确保站点运行环境条件满足国家、省规范要求，切实做好站点基础保障工作，确保大气环境监测数据精准反馈区域大气环境情况。

二是正确把握治污工作导向，严守环境监测数据质量底线。加强站点运行监管，充分利用视频监控系统，对空气站周边环境进行监控视频排查，严防人为干扰监测站点环境行为发生，严格责任追究，落实站点点位长制，对涉嫌存在干扰在线的行为，在月度考核中给予全市最高值替代，对造成严重后果的，依法依规严肃处理。

三是加强空气环境自动监测数据分析。实时对国省控和市控监测站点数据进行分析，实行日汇报、周排名、月通报，精准掌握环境空气质量数据变化趋势，针对疑似环境影响造成的异常数据，及时推送给业务科室及有关分局，督促地方政府严格落实大气污染防治责任，加强现场管控，采取有效措施，改善环境空气质量。

四是开展空气质量预测预报工作。建设完成泰安市空气质量预报预警系统平台，强化环境空气质量预警工作机制，安排技术人员，加强与业务科室、气象部门进行会商，分析前期空气监测站污染物浓度变化，结合气象条件对未来大气扩散及空气质量的影响，不断优化预报模型，提高空气质量预报准确度，对未来24h空气质量级别、首要污染物、空气质量指数（AQI）做出预测预报，为实施精准治污、有效治污、开展针对性减排等方面提供技术支撑。

2.4.3 创新管控机制，坚持科学治污

泰安市将环境空气质量改善纳入市委“六比争先·标旗夺金”

重要事项，实行市委常委包保县市区制度。成立大气环境管理办公室，探索解决大气污染防治“最后一公里”问题。分管领导每月召开工作推进会、现场会，将污染防治工作扛在肩上、放在心上、抓在手上；市环委会办公室明确包括大气污染防治在内的48个部门、294项环保责任事项；市蓝天工程指挥部定期组织有关部门、重点行业企业开展座谈，督促部门、企业全面落实环保责任，在全市形成“一方统领、多线作战、立体攻防”的大气污染治理格局。对各县市区、重点乡镇常态化开展“月排名、月通报、月奖惩”生态补偿工作，层层传导工作压力。建立考核奖惩、环境约谈、量化问责等制度，布设229个热点网格点位和117个微观站点，利用超级站遥感、无人机航拍、VOC走航等技术，织密大气污染防控网络，提高大气污染治理精细化管控水平。

由复旦大学、浙江大学、中国科学技术大学、山东大学、山东建筑大学、上海大学、山东省环境保护科学研究设计院有限公司等十余家高校和科研院所的专家组成的“一市一策”驻点跟踪研究专家团队，密切与泰安市生态环境局对接联动，及时排查与防治。综合运用卫星遥感、地基遥感、超站观测、在线实时监测、多卫星火点捕捉等国际领先技术手段，每日推送O_3、甲醛、$PM_{2.5}$等热点数据报告，每周开展会商研讨，对过往一周空气质量进行“复盘”、对未来一周空气质量变化进行研判和预报/预警，及时分析问题，全面推行差异化管控，大力削减污染物排放量，坚决不搞“一刀切”。配备PID/FID检测仪、小型无人机、烟气检测设备、油气回收三项检测仪等设备，适时开展挥发性有机物、颗粒物走航监测，全面提升精准治污、科学治污、依法治污的水平。

专家团队多次深入基层调研涉气行业企业并开展专项帮扶行动，逐一指出企业存在的短板和弱项，并提出解决方案，对帮扶过程中发现的问题，协助制定技术指南和规范，为泰安市环境空气质量高水平保护与企业高质量发展保驾护航。

2.4.4 建立保障规范，强化组织保障

1993 年泰安市实施“烟囱不冒黑烟”工程以来，经过各级领导的共同努力，全市人民的环保意识明显提高。2001 年泰安市人民政府，在泰安部分城域内停止燃用高污染燃料，改用清洁能源。2013 年年底，根据《山东省人民政府关于印发〈山东省 2013～2020 年大气污染防治规划〉和〈山东省 2013～2020 年大气污染防治规划一期（2013～2015 年）行动计划〉的通知》（鲁政发［2013］12 号）和市委、市政府《关于建设生态泰安的决定》精神，泰安市政府出台了《泰安市大气污染防治“蓝天工程”三年行动计划（2013～2015 年）》，提出了“一年全面攻坚、两年初见成效、三年明显改善”的总体目标，制定了具体工作措施。

2014 年 1 月，泰安市政府与 9 个县（市、区）政府、13 个市直部门、4 家市直企业签订目标责任书。编制印发了《泰安市重污染天气应急预案》和专项实施方案，及时启动应急响应，并向社会发布预警信息，采取有效措施尽快降低污染负荷。2014 年 2 月，泰安市成立了由分管市长任指挥长的蓝天工程指挥部，抽调精干力量组成指挥部办公室，在市环保局集中办公，负责对大气污染防治工作的组织协调、调度通报、督办考核等工作，2014 年泰安市荣获全省大气空气质量改善一等奖。

2017 年围绕大气污染治理，泰安市成立市政府分管副市长任指挥长，29 个部门为成员单位的市蓝天工程指挥部，大力实施工业达标提升、城市扬尘治理、燃煤锅炉淘汰等“十大行动”，全面打响减煤、抑尘、控车、除味、增绿“五大战役”，推动全市环境空气质量大幅度改善。制定印发《泰安市〈京津冀及周边地区 2017 年大气污染防治工作方案〉实施细则》，涉及市直部门 20 个，制定重点任务 27 项，细化任务 110 余项，保障措施 5 项。

同年，泰安市出台《泰安市环境空气质量生态补偿暂行办法》，对各县（市、区）及泰安高新区环境空气质量同比变化情况进行考

核。办法规定，泰安市按照“将生态环境质量逐年改善作为区域发展的约束性要求”和“谁保护、谁受益；谁污染、谁付费”的原则，考核各对象的$PM_{2.5}$、PM_{10}、SO_2、NO_2平均浓度及空气质量优良天数比例半年同比变化情况，建立考核奖惩和生态补偿机制，并根据考核结果向考核对象下达生态补偿资金额度。$PM_{2.5}$、PM_{10}、SO_2、NO_2四类污染物考核权重分别为60%、15%、15%、10%。根据该办法规定，污染物浓度以“$\mu g/m^3$”计，空气质量优良天数比例以“%”计，污染物浓度生态补偿资金系数为40万元/($\mu g/m^3$)，空气质量优良天数比例每1%生态补偿资金系数为10万元/%。各考核对象向市级补偿的资金纳入市级生态补偿资金规模，用于补偿市级向省级缴纳补偿资金和补偿环境空气质量改善的考核对象；各考核对象获得的生态补偿资金，统筹用于本辖区内改善环境空气质量的项目。

自2017年以来，泰安市通过采取重点大气污染源治污设施提标改造、散乱污企业与10t以下燃煤锅炉取缔、集体供暖替代以及清洁能源推广等措施，大气主要污染物浓度逐年下降；但是距国家二级功能区浓度标准值仍然存在较大差距，大气污染防治已经成为改善环境民生、支撑经济发展的重要工作内容之一。

2019年为打赢蓝天保卫战，泰安市升格蓝天工程指挥部，由市长任指挥长；成立泰安市区域空气质量控制中心，负责全市88个空气标准站点的数据统计、分析、研判及现场检查；成立工业企业治理、城市扬尘治理、机动车污染治理、散煤治理、山石开采整治、油品治理6个大气污染防治工作专班，共同推进大气污染防治工作，空气质量持续向好。

2020年市蓝天工程指挥部决定在泰城区域开展空气污染防治“十大专项行动”，进一步加强空气污染防治工作，坚决打赢“蓝天保卫战”，突出重点领域、重点行业空气污染综合治理攻坚。近年来，泰安市牢固树立新发展理念，全面贯彻落实黄河流域生态保护和高质量发展重大国家战略，坚持转方式、调结构，深入实施新一轮“四减四增”行动，聚焦重点协同管控，持续推动环境空气质量改善。建立对县市区、乡镇的考核制度。泰安市蓝天工程指挥部修订《泰安市环境空气质量考核奖惩办法》，进一步细化考核奖惩细则，压实治污责任，突出考核导向，将高值区纳入对县市区的考核。

2022年泰安市人大常委会将《泰安市大气污染防治条例》列入立法工作计划，由市人大环境与资源保护委员会会同市人大法制委员会、常委会法工委、常委会城环工委、市生态环境局、市司法局等单位组成立法工作专班。立法工作专班先后到泰山区、岱岳区、新泰市开展实地调研，深入了解大气环境治理现状及具体管理工作中的经验做法和存在问题，并针对重点问题进行了充分研讨和论证，广泛征求各方意见与建议，围绕大气环境管理的体制机制、政策法规、协调机制和推动方式等情况对条例草案进行了修改完善。

2022年11月24日，泰安市十八届人大常委会第六次会议第一次审议《泰安市大气污染防治条例（草案）》（以下简称条例草案），条例草案在监督管理、防治措施、法律责任等方面做出具体规定，共五章、四十六条，旨在防治大气污染，保障公众健康，打造绿色文明、生态宜居城市。出台《泰安市空气质量考核奖惩办法》，突出考核导向，将高值区纳入对县市区的考核。建立量化问责制度，出台《泰安市深入打好污染防治攻坚战量化问责考核办法》，对推进生态环境工作不力的市直部门、乡镇（街道）综合运用通报、约谈、问责等手段，倒逼推进生态环境保护工作。泰安市生态环境局党组把2023年定为全市生态环境系统“作风提升年”，将臭氧污染防治攻坚行动列入“八大攻坚”之一，继续坚持抓早、抓细、抓实，聚焦VOC和氮氧化物协同控制、产业集群整治，谋划开展VOC治理、油气回收整治、错峰生产调控、专家团队专项帮扶等系列行动。

第3章 泰安市水环境保护研究

3.1 泰安市水环境概况

3.1.1 水文概况

泰安市水文地质与区域地质构造、地形、地貌条件有明显的一致性，地表水与地下水分水岭大部分重合，泰、肥、宁平原补给条件好，蕴藏丰富的第四系孔隙水，隐伏的奥陶系石灰岩地区，有着丰富的地下水，如泰城、旧县、肥城盆地、新汶盆地等；由前震旦系花岗片麻岩构成的泰山、莲花山等地，裂隙水量较小。山间河谷平原含水地层主要有两类，一类为第四系松散孔隙地层，地层厚一般为 10～30m，大体上由东向西渐厚。

在肥城市、东平县大汶河以北，第四系地层以下分布着巨厚的、岩溶十分发育的奥陶系灰岩，是第四系孔隙水不足地区的第二类重要水源。山前冲洪积平原，自第三纪晚期以来，其构造运动处在东升西降区域的转折过渡带，第四系地层厚一般为 50～200m，自东北向西南方向逐渐增厚。东平湖黄泛平原区周围为断续分布的低山丘，下部一般为寒武系地层，上部为黄泛淤积层。这部分地区西北靠黄河，东南临东平湖，地下水与黄河、东平湖水有较好的水力联系。

3.1.2 河流水系

泰安市水网密布，河湖众多，境内有大小河流482条，分属于黄、淮两大流域，泰安市市级重要河湖名录见表3-1。流域面积1000km^2以上的河流共7条，主要包括大汶河、牟汶河、柴汶河、汇河、东汶河、洸府河、泗河。

表3-1 泰安市市级重要河湖名录

河流(湖泊)流域	起点	迄点	河道长度/km
黄河	东平县戴庙镇石洼村西	东平县旧县乡姜沟村	31.94
大汶河(含东平湖)	岱岳区范镇郑家寨子村	东平县旧县乡陈山口村	179.24(东平湖库区面积:626km^2)
泗河	新泰市放城镇小上峪村	新泰市放城镇西石井村	19.33
柴汶河	新泰市龙廷镇东枣林村	宁阳县华丰镇西高村	112.61
汇河(康王河)	岱岳区道朗镇里峪村	东平县接山镇黄徐庄村	86.98(不含平阴县段)
漕浊河	岱岳区满庄镇北迎村	肥城市安驾庄镇肖家店村	39
瀛汶河	岱岳区范镇倪家庄村	泰山区邱家店镇渐汶河村	16.48
泮汶河	泰山景区桃花源	高新区北集坡镇北店子村	44
石汶河	泰山景区下港镇石河村	泰山区邱家店镇刘家疃村	41.44

大汶河：又名汶水，《诗经·齐风·载驱》中曾记载：汶水汤汤，行人彭彭；鲁道有荡，齐子翱翔。汶水滔滔，行人儦儦；鲁道有荡，齐子游敖。大汶河作为泰安市内第一大河，是黄河下游最大支流，也是全国为数不多的自东向西流的河流之一。主流起源于济南市莱芜区黄庄镇太子村，流经莱芜城区、泰安市岱岳区、泰山区、肥城市、宁阳县、东平县、济宁市汶上县等市县，于东平县马口村注入东平湖，再由东平湖清河门、陈山口出湖闸泄入黄河。大

汶河全长 231km，流域面积 8944km^2（泰安市境内流域面积 6093.2km^2）。

大汶河流域水系复杂，支流众多，有长 5km 以上的各级支流 266 条，其中一级支流 56 条（主要干流见表 3-2）。大汶口汶口坝以上为大汶河上游，是大汶河的主要集水区，分南北两大支流。北支称牟汶河，流域面积 3711.5km^2，其中泰安市境内 1572km^2，主要支流有瀛汶河、石汶河和泮汶河；南支柴汶河，流域面积为 1944km^2，沿途有平阳河、光明河、羊流河、禹村河汇入。汶口坝至戴村坝为大汶河中游，戴村坝以下至东平湖为大汶河下游称大清河，中下游主要有漕河和汇河汇入。

表 3-2 大汶河主要干支流简况

名称	流域面积/km^2	长度/km	发源地	出口处
大汶河	9069	208	沂源县沙崖子	东平县马口入东平湖
瀛汶河	1326	86	章丘区池凉泉	泰安市郊区渐汶河村入渐汶河
石汶河	350	50	济南市莱芜区后关	泰安市郊区刘家疃入瀛汶河
柴草河	53	23	中天门东	泰安市郊区东夏村入泮汶河
泮汶河	368	28	桃花峪	泰安市郊区东店子入渐汶河
柴汶河	1944	116	沂源县牛栏峪	泰安市郊区大汶口入大汶河
漕河	648	39	泰安市郊区胜利水库	肥城市肖家店入大汶河
汇河	1260	49	平阴县毛家铺	东平县黄徐庄入大汶河
康王河	427	56	泰安市郊区北大圈	肥城市衡鱼入汇河

泮汶河：大汶河支流，源于泰山西麓桃花峪北部山谷，流出桃花峪后，东南流经大河水库，再东流沿泰安市区侧纳北来奈河、梳洗河诸水，至北店子注入渐汶河。全长 28km，流域面积 368km^2。

奈河：泮汶河支流。源于南天门，上游称通天河、黄西河、西溪，至大众桥以下称奈河。为泰山主峰前主要泄洪河道。河水顺谷而下，至中天门西转，再南流经长寿桥，由悬崖下落，形成飞瀑。

穿黑龙潭水库、大众桥，流经泰安市区后注入泮汶河。全长11.8km，流域面积34km^2。

梳洗河：泰安城区的七大河流之一，《山海经》称梳洗河为环水，又名中溪。泮汶河支流，源于泰山中天门下，河流沿山势而下，经石峪、虎山水库至王母池等流出泰山，坐拥箭杆河、唐庄河、双龙河三条支流，南流穿泰城注入泮汶河。梳洗河贯穿泰城南北。全长13.2km，流域面积26km^2。

柴草河：泮汶河支流，源于泰山主峰东峪。河水沿山谷而下，出谷口转向南流，至梨园村东，汇西来大直沟水，南下经汉明堂故址，至东夏村南注入泮汶河。全长23km，流域面积53km^2。

玉符河：黄河支流，汇集泰山北麓诸水。源于泰山北麓玉符山，上游为锦云川，北流至仲宫汇锦阳川、锦秀川入卧虎山水库，北下经丰齐、王庄西、古城东，至北店子注入黄河。全长43km，流域面积480km^2。

大沙河：黄河支流，主要汇集泰山西北麓诸水。源于泰山西麓麻套山峪，西南流出山谷后，折向西北流，经界首、万德、青杨至长清县城西北注入黄河。全长41km，流域面积134.5km^2。

淮河流域：在泰安市南部沿蒙山支脉南麓和大汶河、大清河南岸，东西分布着三片，流域面积为1305km^2，分辖于新泰、宁阳、东平3县（市）。东部洪河流入沂河支流东汶河，石莱河、放城河经泗河入南四湖；中、西部平原河道，有的直接入南四湖，有的经梁济运河流出。主要河流有泗河、洸河、汉马河、宁阳沟、泉河、小清河、戴码河、洪河等支流。

东平湖：位于东平县境内，是山东省第二大淡水湖泊和南水北调东线一期工程的重要枢纽，上承汶河来水，南与运河相连，北有小清河与黄河相通，是黄河、大汶河的重要蓄滞洪区，湖区总面积626km^2（老湖区208km^2，新湖区418km^2），分两级运用，其中一级湖常年蓄水，面积209km^2，平均水位高程40.75m。总库容35.95亿立方米（老湖运用水位46.0m，库容12.28亿立方米；新湖运用水位 45m，库容 23.67 亿立方米）。

天颐湖：位于泰安市岱岳区满庄镇天颐湖（原胜利水库）水区，规划面积 8.6km^2，水面 5.5km^2，占地 800 亩（1 亩≈666.67m^2，下同），总库容达 5920 万立方米。紧邻泰安市南部新区，距泰安市主城区 10km，西临 104 国道，南眺大汶口文化遗址，西南依伴上泉古泉群。

戴村坝：位于东平县城东南 10km 处，彭集镇南城高村东北百米的清、汶两水交界处，横截大汶河，是中国古代著名的水利工程之一，素有“第二都江堰”之誉。该坝东北西南走向，略呈弧形，全长 1500m，由三段组成。南段由南向北分为乱石坝、流水坝、玲珑坝三部分，均为石坝；中段称太皇堤；北为三合土坝。三座相连的石坝高度不一，随着汶水水位的升降，三坝先后漫水或停止漫水，以调节入运的水量。特大洪水到来时，三合土坝自行漫水，泄洪保坝。

总之，泰安市地处山东省中部，城区地形是以玉皇顶为中心，向四周的中低山丘辐射，山高坡陡，发育有多条南北向的山洪水系，在泰城及其周边汇成天平湖、碧霞湖、天颐湖、东湖、南湖、蟠龙湖、天泽湖和泮河、七里河、奈河、梳洗河、大汶河等“七湖十四河”水系，这些水系穿越城区最终汇入大汶河。受山洪的侵蚀，这些河道出现多处跌水、瀑布，谷底积水成潭，形成潭瀑交替的景观。著名的有黑龙潭瀑布、三潭迭瀑和云步桥瀑布等。泰山裂隙构造发育，形成泉水，从岱顶至山麓，泉溪争流，山高水长，有名的泉水数十处，如王母泉、月亮泉、玉液泉、龙泉、黄花泉、玉女池等。泉水甘洌，无色透明，含人体所需多种微量元素，系优质矿泉水，被誉为“泰山三美”（白菜、豆腐、水）之一。泰山北部，中上寒武统和奥陶系石灰岩岩层向北倾斜，地下水在地形受切割处出露成泉。从锦绣川向北，泉水汩汩，星罗棋布。北麓丘陵边缘地带，岩溶水向北潜流，并纷纷涌露，使古城济南成为“家家泉水，户户杨柳”的泉城。

3.1.3 水库

泰安市现有大型水库1座，中型水库15座，其中岱岳区有中型水库4座，泰安高新区有中型水库2座，泰山景区有中型水库1座，新泰市有大型水库1座，中型水库4座，肥城市有中型水库1座，宁阳县有中型水库3座（表3-3），小型水库671座，总库容9.36亿立方米。塘坝3507座，拦蓄库容1.03亿立方米；窑池3690处，总容积20万立方米；水闸（坝）191座，泵站842处，水电站13座，地下水水井22.6万眼，形成星罗棋布的水源工程体系。现有泉林坝、颜谢坝、颜张坝、汶口二号坝、唐庄坝等一大批拦河蓄水工程，以及引汶入泰工程、肥城引汶调水工程、肥城引黄供水工程、宁阳东引汶工程等一批调水工程，实施了月牙河水库增容和新建王家院水库、桑安口水库三项雨洪资源利用工程，基本构建起以大汶河主轴为依托的泰安市水网工程体系，水资源统筹调配能力和供水保障能力大幅度提升。

表3-3 泰安市大中型水库情况统计

水库名称	位置	规模	建成时间	流域面积/km^2	总库容/万立方米	兴利库容/万立方米
光明水库	新泰市	大(二)	1958年9月	134	10001	5295
金斗水库	新泰市	中型	1960年6月	88.6	3408	2228
苇池水库	新泰市	中型	1978年5月	25.29	1219	845
田村水库	新泰市	中型	1979年5月	15	1084	640
东周水库	新泰市	中型	1980年6月	189	8612	6626
黄前水库	泰山景区	中型	1967年11月	292	8248	5913
尚庄炉水库	肥城市	中型	1960年4月	141	3422	1014
大河水库	岱岳区	中型	1960年10月	84.53	2997	2030
角峪水库	岱岳区	中型	1966年4月	44	2109	924
小安门水库	岱岳区	中型	1967年6月	36.3	1964	1380

续表

水库名称	位置	规模	建成时间	流域面积 /km^2	总库容 /万立方米	兴利库容 /万立方米
胜利水库	岱岳区	中型	1978年8月	13.8	5020	4670
山阳水库	泰安高新区	中型	1960年6月	47	2201	1151
彩山水库	泰安高新区	中型	1978年8月	37.5	1686	1056
贤村水库	宁阳县	中型	1979年11月	32	1301	673
直界水库	宁阳县	中型	1967年6月	26	1180	663
月牙河水库	宁阳县	中型	1973年10月	21.4	1218	768
合计	—	—	—	1227	55670	35876

光明水库：泰安市第一大水库，位于泰安市新泰市（县级市）西南16km，处于大汶河南支柴汶河的支流光明河下游，该水库始建于1958年，总库容达1.04亿立方米。控制流域面积134km^2，总库容1.04亿立方米，下游防洪保护面积25万亩，是集防洪、农业灌溉、城市供水、水产养殖等综合利用的泰安市唯一的一座大型水库。水库枢纽工程包括大坝、放水洞、溢洪道和干渠。大坝为均质坝，长860m，最大坝高23m，坝顶宽5m，坝顶高程181m，防浪墙高程182.2m。溢洪道为宽顶堰结构，宽80m，被动溢洪，水满自溢，最大泄洪量为841m^3/s。放水洞进水高程165.8m，水流量7m^3/s。干渠全长35km，设计灌溉面积6.3万亩。水库中央大桥长1000余米。水库为百年设计，5000年校核，现状防洪标准20年一遇，设计洪峰流量1097m^3/s，校核洪峰流量2152m^3/s。流域呈阔叶状，平均宽度7.5km，河长17.6km，上游大部为震旦纪花岗岩，约占流域的60%，下游为寒武纪石灰岩，整个库址坐落在石灰岩山区。水库的径流由大气降水补给，多淤积泥沙7万立方米。

东周水库（青云湖）：略小于光明水库，位于泰安市新泰市境内，处于柴汶河支流渭水河上，是一座以防洪为主，兼顾灌溉、供水、养殖等综合利用的重点中型水库。始建于1959年，比光明水库开工晚一年，1972年续集，直到1977年合拢蓄水，历时较长，总库容0.89亿立方米，坝长1257m。1981年大坝上游坡1＋087～1＋136出现大面积滑坡，滑坡体面积3454m^2，被山东省水利厅列为病险库，2000年被南京水科所安全鉴定中心鉴定为险库三类坝。2001年山东省水利厅对东周水库保安全工程初步设计批复，工程投资7330万元，分两期实施。东周水库灌溉管理局在2014年获得山东省二级水利工程管理单位基础上，围绕工程效益显著、职工素质优良、环境整洁优美、内部秩序优良、服务工作优质的工作内容，认真落实水利工程管理绩效考核措施，积极推进精细化管理进程，实现了体制理顺、机构合理、权责明确、运行高效、良性发展，达到了预期目的。2015年新泰市东周水库顺利通过山东省一级水利工程管理单位考核验收。2022年2月，东周水库荣获2021年度省级水系绿化样板称号。

大河水库：位于泰山西麓，是泰安城郊唯一的中型水库，也是泰山抽水蓄能电站下水库，总库容2990万立方米，是一座以防洪除涝、供水发电为主，兼顾城市供水、生态供水、景区开发的重点中型水库，1959年动工兴建，1960年基本建成运行。

黄前水库（天龙湖）：黄前水库离泰山比较近，位于泰山东麓，有山有水，山水相映，自然形成绝美的风光，吸引了很多游客。这座水库始建于1958年，总库容8248万立方米，是泰安市重要的水源地，环境十分优美。

胜利水库（天颐湖）：位于泰安市岱岳区，规划面积8.6km^2，水面5.5km^2，总库容达5920万立方米。

金斗水库：1959年10月动工，到1960年6月建成蓄水，1988年开始向新泰市区供水，总库容3250万立方米。

山阳水库：位于泰安市岱岳区，处于大汶河北支八里沟上游，总库容2201万立方米。

角峪水库：又称纸房水库，位于岱岳区，在泰山东麓，是一座以防洪为主，兼顾农业灌溉、供水、水产养殖等综合利用的中型水库，总库容 2109 万立方米。

彩山水库：位于岱岳区，原为小型水库，水库于 1977 年 10 月开工改建，1978 年 8 月底基本完工，总库容 1650 万立方米。

直界水库：位于泰安市宁阳县，原来叫红旗水库，始建于 1967 年 5 月，到 1968 年 5 月基本建成，总库容 1180 万立方米。

3.1.4 饮用水水源地

泰安市饮用水以黄前水库水源地、旧县地下水水源地、东武地下水水源地三处为饮用水来源，角峪、彩山水库和埠阳庄地下水源列为泰安备用水源。其中以黄前水库为主要饮用水来源。

（1）黄前水库水源地所在的水系为大汶河，所在的河流为石汶河，水源地位置为东经 117.20°，北纬 36.28°。旧县地下水水源地所在的水系为大汶河，所在的河流为牟汶河，水源地位置为东经 117.20°，北纬 36.07°。东武地下水水源地所在的水系为大汶河，所在的河流为大汶河，水源地位置为东经 117.10°、北纬 36.88°。

黄前水库于 1958 年建立，处于泰安市境内大汶河支流河流，汶河上游。流域面积 292km^2，水库总容量 8500 万立方米，兴利库容 5920 万立方米，是一座以防洪、供水，灌溉、养殖为一体的综合型重点水库。1992 年开始向泰安市供水，日供水能力 50000t；为了满足城区用水量不断增长的需求，2002 年增加了第二条供水管道。目前，日供水量达到 12 万吨，占泰城总用水量的 80%以上。黄前水库流域东、西、北三面都是陡峭的高山，多陡峭地形导致地形高差较大。流域内岩石类型主要为变质岩，为太古时代开始入侵。地表岩受变质作用，风化程度较高，节理裂隙发育，岩体的基本连接完全破坏，岩石崩解的石头、碎片和碎石呈颗粒形状，结构的稳定性差，形成不同厚度的风化残积层。这种特殊的地形，容易使水库在降水、雷电、暴风等外力作用下产生崩塌、滑坡、泥石流等地质灾害，增加水库淤积程度。此外，流域内的沟谷又多被毁林造田，使水和碎屑固体物质聚集，在顶部滑坡及强降水的诱发作用下发生泥石流灾害。大量的泥沙随水流进入黄前水库导致水库淤积，水库来水量和供水能力降低，给黄前水库供水安全带来隐患。

为保护生态环境，近20年来，黄前水库流域加大了植树造林力度，目前森林覆盖率达到66%，植被明显增加，对水库的影响也十分明显，尤其是枯水期水库的来水量较前20年有了明显增加。行政区划方面，黄前水库流域涉及济南市的大槐树乡与药乡林场，泰安市岱岳区前黄镇、下港乡，以及泰山区大津口三个行政区。黄前水库在泰安市范围内涉及岱岳区黄前镇、下港乡及泰山区大津口三个行政区。黄前水库流域内总人口约7.2万，15533公顷果树种植面积，7000公顷耕地面积。

（2）旧县水源地位于泰安市泰山区南部邱家店镇，属于山东西北山区边缘部分，总面积75km^2。旧县水源地是泰安市主要的地下水源地之一，年供水量1825万吨。随着泰安市工农业的发展，初步形成了以机械制造、纺织、农副产品加工为主的产业格局，用水量大幅度增加，污水排放量随之增加，境内河流受到严重的污染。由于旧县内受污染河水的渗漏作用和农业面源污染的影响，旧县水源地水源水质也受到了不同程度的污染。地质环境面临不断发生恶化的局势，且供水量处于明显下降态势，地下水的水质日益恶化，严重制约了泰安市的经济发展。

东武地下水源地位于泰安市大汶口镇，为泰安市西部城区的主要供水水源地，是山东省典型的岩溶水源地，东西长8km，南北宽3km，面积24km^2，该水源地属于淮河流域大汶河水系。大汶口镇位于泰安市南部。北面与满庄镇接壤，南面与宁阳县接壤，东西分别与房村镇、马庄镇接壤，总面积97km^2。近年来，随着泰安西部的开发建设，扩大南开发区，河床挖沙，地下水源地开采井长期处于开采状态，对地下水的需求越来越大，导致地下水位持续下降，漏斗的面积不断扩大。

3.2 泰安市水资源现状

3.2.1 水资源量

3.2.1.1 降水总量

受季风气候影响，泰安市的降雨具有年际、年内、地域变化大，时空分布不均匀的特点。年际丰枯交替明显，年年有小旱，三年一中旱，十年一大旱，甚至出现连续两三年的特大干旱。1989年和2002年更是出现了百年难遇的大旱情景。泰安市多年平均降水量为697mm，年最大降水量1498mm，年最小降水量199mm，相差7.5倍。据近年来的降水量分析，泰安市的降水有明显减少的趋势，20世纪60～70年代，泰安市的年降水量能达到736万立方米，而在90年代年平均降水量减为629万立方米，在2002年降水量仅有312.6万立方米，仅为1964年1357.6万立方米的23%，这使泰安市的水资源形势更加严峻。

年内分配具有明显的季节性，具有春旱、夏涝、晚秋和冬季少雨的特点。全年的降水量约有80%集中在6～9月份。年内不同的时期，其降雨量变化较大，汛季4个月的降雨量最多，为535.7mm，占全年的75.5%，春季的降雨量为93.9mm，占13.2%，晚秋的降雨量为57.1mm，占8.0%，冬季降雨量最小，只占全年的3.3%。一年之中7月份最多，占年降水的32.1%，雨热同季，对农作物和林果生长发育十分有利，1月份最少，仅占0.96%。

3.2.1.2 地表水资源量

地表水资源量是指河流、湖泊、水库等地表水体由当地降水形成的、可以逐年更新的动态水量，用天然河川径流量表示。大气降水是地表水体的主要补给源。由于人类活动的影响，修建了大量的水利工程对河川径流进行了人工调节和利用，改变了天然河川径流的时空变化过程。地表水资源量计算成果见表3-4。

表3-4 地表水资源量计算成果

市区	面积/km²	均值/万立方米	不同保证率地表水资源量/万立方米		
			50%	75%	95%
泰安市	7762	133435	114118	67785	26954

3.2.1.3 地下水资源量

地下水资源量主要指与大气降水和地表水体有直接补排关系的矿化度小于2g/L的浅层淡水资源量。地下水资源量的变化既受自然因素（地形、地貌、水文气象、水文地质条件等）的影响，也受人为因素的制约，它直接反映着地下水的补给或再生能力，也影响着地下水均衡。

泰安市地下水类型主要为基岩裂隙水和第四系孔隙水。全市山丘区多年平均地下水资源量为10.45亿立方米，平原区多年平均地下水资源量为1.75亿立方米，重复计算量为0.03亿立方米，多年平均地下水资源量为12.16亿立方米，地下水可开采量为8.55亿立方米。多年平均地下水资源量及可开采量成果见表3-5。

表3-5 多年平均地下水资源量及可开采量成果

市区	面积/km²	山丘区地下水资源量/万立方米	平原区地下水资源量/万立方米	重复水量/万立方米	地下水资源总量/万立方米	可开采量/万立方米
泰安市	7762	104469	17537	372	121634	85478

泰安市地下水的补给来源主要包括四个方面：一是降水入渗补给量；二是灌溉入渗补给量（包括渠系渗漏补给和田间入渗补给）；

三是山前侧渗补给量；四是河道渗漏补给量。其中，大气降水入渗补给量占地下水资源量的近90%，因此地下水资源量与降水量的变化密切相关。地下水资源量的年际变化幅度比降水量的年际变化幅度大，降水入渗补给量的年际变化，基本代表地下水资源量的年际变化。

3.2.1.4 水资源总量

水资源总量是指当地降水形成的地表和地下产水量，即地表产水量与降水入渗补给地下水量之和。泰安市多年平均水资源总量为16.97亿立方米（表3-6）。

表3-6 水资源总量频率计算成果

市区	面积/km²	均值/万立方米	不同保证率水资源总量/万立方米		
			50%	75%	95%
泰安市	7762	169736	162119	110621	64162

当地水资源可利用量是从资源的角度分析可能被消耗利用的水资源量，是指在可预见的时期内，在统筹考虑生活、生产、生态环境用水要求的基础上，通过经济合理、技术可行的措施，在当地水资源总量中可一次性利用的最大水量。它包括地表水资源可利用量和地下水资源可开采量。地表水资源可利用量是指在可预见的时期内，在统筹考虑河道内生态环境和其他用水的基础上，通过经济合理、技术可行的措施，可供河道外生活、生产、生态用水的一次性最大水量。地下水资源可开采量按浅层地下水资源可开采量考虑，是指在可预见的时期内，通过经济合理、技术可行的措施，在不致引起生态环境恶化的条件下，允许从含水层中获取的最大水量。

泰安市多年平均当地水资源可利用量为13.35亿立方米，可利用率为78.7%，其中地表水资源可利用量为5.17亿立方米，可利用率为 38.8%；地下水资源可开采量为 8.55 亿立方米，可开采率为 70.3%，可开采模数为 $1.1\times10^{5}m^{3}/km^{2}$。重复利用量为 0.37 亿立方米。

3.2.2 水功能区划及监测断面

水功能区划是根据流域或区域的水资源自然属性和社会属性，依据其水域定为具有某种应用功能和作用而划分的区域。水功能区划的目的是实现水资源合理开发利用，是强化水资源管理、水生态环境保护、水污染防治的重要保障措施，是开展水生态监测、治理、保护的基础。

水功能区划主要是划分水功能一级区和水功能二级区。水功能一级区的主要作用是从宏观上协调水资源开发利用与保护的关系，在满足居民生活和工农业用水的前提下，最大限度维持水资源的可持续发展能力和生态环境对水的需求。水功能一级区分四类，即保护区、保留区、开发利用区、缓冲区。水功能二级区的主要作用是协调用水部门之间的关系，实现水资源利用的合理优化配置，满足各个方面对水资源的量和质的需求，具体划分为饮用水源区、工业用水区、农业用水区、渔业用水区、景观娱乐用水区、过渡区六类。水功能区要达到的目标是：实现地下水水资源采补基本平衡；由于地下水污染和超采造成的地面沉降等环境地质灾害趋势得到遏制并有所恢复；各种水体功能区水质能够达到国家规定的水质标准；实现水资源合理利用，水生态系治理修复。

为开发利用好泰安市水资源，根据水资源的开发利用现状与经济社会发展现状，确定泰安市重要水域的主要功能，2013 年泰安市在全国重要江河湖泊水功能区划、山东省水功能区划有效衔接的基础上，编制了《泰安市水功能区划》，对水功能区进行了科学有效的划分，范围包括重要河道的干流和主要支流，湖泊，大、中型水库，重要饮用水水源地，主要县区际边界水域等。《泰安市水功能区划》将全市地表水划分为水功能一级区 29 个、水功能二级区 33 个，42%的水功能区水质目标确定为Ⅲ类或优于Ⅲ类。《泰安市水功能区划》明确在保护区内禁止进行影响水资源保护、自然生态系统及珍稀濒危物种保护的开发利用活动；保留区作为今后水资源可持续利用预留的水域，原则上应维持现状水质；在缓冲区内进行开发利用活动，原则上不得影响相邻水功能区的使用功能。

同一湖泊、水库划分为两种或两种以上水功能区的，应根据不同类型水功能区特点布设监测断面。河湖水功能区，根据区界内河网分布状况、水域污染状况和流动规律等，在上、下游区界内分别布设监测断面。每一水功能区监测断面布设不得少于一个，并根据影响水质水生态的主要因素与分布状况等增设监测断面。相邻水功能区界间水质水生态变化较大或区间有争议的站，按影响的主要因素增设监测断面。按水功能区的管理要求布设监测断面，水功能区具有多种功能的，按主导功能要求布设监测断面。水功能区内有较大支流汇入时，在汇入点支流的河口上游处及充分混合后的干流下游处分别布设监测断面。

3.2.3 水环境质量

2020 年，泰安市省控以上重点河流地表水断面全部达到年度考核目标，国控断面优良率为 100%，全年水环境质量指数及改善率分别列全省第 1 位和第 3 位。

2022 年 1～12 月份均值显示（图 3-1），泰安市全市 53 个地表水监测断面，优良水体（Ⅰ～Ⅲ类）34 个，占 64.2%，同比增加 11.8 个百分点；劣Ⅴ类 2 个，占 3.8%，同比减少 12.9 个百分点；劣Ⅴ类断面主要超标项目为氨氮、总磷、氟化物等。6 个国控断面均达标，2 个省控断面均达标，18 个市控断面中，16 个断面达标，2 个断面超标；4 个南四湖流域断面均达标。

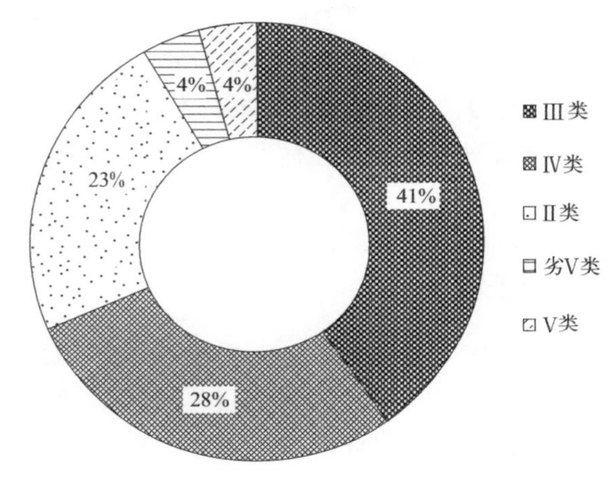

图 3-1　2022 年 1～12 月份 53 个监控断面水质类别比例

2022 年 1～12 月份，泰安市全市市控地表水考核断面水环境质量最佳县为东平县；最差的 2 个县依次为肥城市、高新区。泰山区、宁阳县、徂汶景区、高新区、新泰市、岱岳区、东平县水环境质量同比改善，改善幅度最大的是泰山区，为 50.30%；肥城市水环境质量同比恶化，恶化幅度为 14.07%。

2022 泰安市紧盯“双源”监管，打好水土共治协同战。实施地下水污染防治重点区划定，扎实开展非法开采地下水专项清理整顿行动。完成 7 个化工企业聚集区、26 个工业污染源地下水环境状况调查成果集成。投资 3588 万元，在全省率先开展地下水污染修复试点项目，探索形成在产企业“源识别-量检测-补漏点”的地下水污染防控新模式。截至 2022 年 12 月，泰安市 63 个重点水污染防治项目中，47 个项目已完成，16 个项目未完成。16 个未完成项目中，泰安市岱岳区漕河流域（马庄镇段）人工湿地水质净化工程项目等 7 个项目建成未验收，新泰市柴汶河南宋大桥下游人工湿地水质净化工程等 9 个项目正在施工。建设修复人工湿地 800ha，实施河道清淤等内源污染治理 150 余千米。完成入河排污口溯源整治 3577 个，加快推进“两清零、一提标”，新建污水管网 170 余千米，实施雨污分流改造 63.54km，完成污水管网排查整治 557.65km，建成区黑臭水体实现“动态清零”。全市夯实落脚点，保持水污染防治定力，坚持以河长制促进“河长治”，189 条河（湖）达到省级美丽幸福河（湖）标准，成功创建 4 条省级美丽幸福示范河（湖）。

3.2.4 水处理工程

截至 2018 年年底，泰安市共有城镇污水处理厂 17 座，污水处理能力 67.4 万吨/天，年污水总处理量 1.52 亿吨，2016 年共处理污水 1.52 亿吨，再生水回用量 0.36 亿吨。

3.2.4.1 泰安市第一污水处理厂

位于山东省泰安市南关路 2 号，1989 年筹建，1990 年开工，1993 年初投入正常运行。主要接纳处理市区生活污水，处理规模为 5 万吨/天。主要处理城区中、西部生活污水和部分工业废水，处理达标后排放至泮河，然后沿泮河进入牟汶河再流入东平湖，目前出水水质达到《城镇污水处理厂污染物排放标准》(GB 18918—2002）一级 A 排放标准。第一污水处理厂中水主要用于南湖、东湖公园、梳洗河等景观补充用水以及热电等企业生产用水。2019 年，根据泰山区域山水林田湖草生态修复工程的建设任务和要求，第一污水处理厂进行第四次改造，2020 年完成。处理规模仍为 5 万吨/天，主体工艺不变，为多级多段 AO 工艺。主要新建反硝化滤池及污泥深度处理车间；改造原高效沉淀池为磁混凝沉淀池。出水主要指标达到《地表水环境质量标准》(GB 3838—2002）中的类Ⅳ类标准。污泥含水率降至 40%以下。多年来，泰安市第一污水处理厂一直运行良好，极大地改善了城市水环境，对治理污染，保护当地流域水质和生态平衡具有十分重要的作用，同时对改善泰安市的投资环境，实现泰安市经济社会可持续发展具有积极的推进作用。该厂被授予“山东省污水处理厂绩效考核示范单位”等荣誉称号。

3.2.4.2 泰安市清源水务第二污水处理厂

坐落于泰安市泰山区南关路王家店南，占地8.9ha，是国家“三河三湖”水污染重点治理项目之一，主要接纳南部开发区污水和市区部分污水，处理达标后排放至泮河，然后沿泮河进入牟汶河再流入东平湖。目前出水水质达到《城镇污水处理厂污染物排放标准》(GB 18918—2002)一级A排放标准。第二污水处理厂中水主要供给泰安国电项目使用，由国电公司负责投资建设和供水管理，主要建设内容有泵站、输水管道，以及在国电项目内部建设深度处理设施。自2006年4月正式投入运行以来，污水处理设备运转良好，日平均处理污水量为7.17万吨。该项目采用先进的污水处理设备，厂区主体工艺采用氧化沟处理工艺，经处理后的污水水质排放标准为《城镇污水处理厂污染物排放标准》(GB 18918—2002)一级B排放标准。设计处理能力为日处理污水8万吨。主要建设内容包括厂区土建施工，工艺设备、工艺管道安装，电气、自控系统安装，照明，防雷接地，采暖，通风，厂区道路施工及绿化等。

3.2.4.3 泰安市第三污水处理厂

位于泰安东部新区的南部，明堂河西侧，京福高速公路向北1.5km处，总占地面积48000m^2。项目主要任务是处理泰安市东部新区规划面积27.6km^{2}内的城市污水和工业废水。处理后水质达到《城镇污水处理厂污染物排放标准》(GB 18918—2002)一级A标准，尾水直接排放到明堂河（又名冯庄河，明堂河汇入泮河进入牟汶河再入大汶河，经东平湖进入黄河）。从2005年开始，泰山市工业园区管委会与中国水务投资有限公司签订了污水处理特许经营协议，2008年起，由中国水务投资有限公司投资5890万元建设泰安市第三污水处理厂。同时，泰山市工业园区投资2400万元，建设配套管网工程，共铺设污水管网24km，其中主干网8.5km，支网15.5km。第三污水处理厂一期工程占地40亩，日处理污水3

万吨，已经完工并投入运营，二期日处理污水 6 万吨。其服务范围为西起泰明路、东至芝田河、南起泰新公路、北至安家林水库大坝的区域（含市高新区东区泰明路以东及省庄工业园内排污单位）。整个污水处理采用国内先进工艺，具有去除有机物效率高、处理成本低、出水水质好等优点。处理后的污水，水质可达到《城镇污水处理厂污染物排放标准》(GB 18918—2002）一级 A 标准。处理后的水可以用于企业生产、当地农田灌溉和市政园林绿化用水，同时能很好地改善当地水资源环境。

3.2.4.4 泰安市第四污水处理厂

始建于 2015 年，位于泰安城区南郊，日污水处理规模 6 万吨/天，出水水质达到《城镇污水处理厂污染物排放标准》(GB 18918—2002）一级 A 标准。随着城区企业入驻、人口增加和排污管网逐渐完善，收纳、处理的污水量也在急速增加，泰安市原第四污水处理厂规模及处理能力已不能满足日益增长的污水处理需求，迫切需要新增污水处理能力。泰城水生态环境治理项目实施后，对第四污水处理厂进行了提标改造及扩建。作为该项目第一个完工并投产的子项，第四污水处理厂提标改造及扩建项目于 2019 年 7 月开工，2020 年 8 月 15 日建成通水，同年 12 月投入试运营，2021 年 3 月正式投入运营。第四污水处理厂日污水处理能力增加至 12 万吨/天，服务面积达 61.8km^2，满足了区域内污水处理需求。提标改扩建后，主体工艺采用“预处理＋AAO 生化池＋深度处理工艺”，出水水质执行省内最高标准，达到《地表水环境质量标准》(GB 3838—2002）中的Ⅳ类标准（TN 除外，TN≤10mg/L)，在业内属于领先水平。厂区绿化面积达 7 万平方米，绿植 40 余种，采用多种节能设备，提高标准化、自动化程度。2021 年 10 月，中国铁工投资运营第四污水处理厂被国家生态环境部、住房和城乡建设部评为全国第四批环保设施和城市污水垃圾处理设施向公众开放单位。

泰安市泰汶污水处理厂：位于新庄以南 1300m（南灌路以

南），满新路的东面，是泰安市实施的大汶口工业园区重点污染治理项目，也是山东省泰安市节能减排重点建设项目。项目设计处理能力为6万吨/天，分两期建设，其中一期工程3万吨/天，概算总投资4691.27万元。实际占地面积5.8140ha。由龙泉水务（泰安）有限公司投资建设，按BOT模式操作实施。泰安市泰汶污水处理厂工程采用成熟先进的“A^2/O+V形滤池”工艺，由中国城市建设研究院有限公司山东分院市政二所承担设计，出水水质执行《城镇污水处理厂污染物排放标准》(GB 18918—2002）一级A标准。本工程的建设属于南水北调东线工程沿线水污染治理的范围，建成后对恢复和改善大汶河流域生态环境，确保工业园区和满庄镇社会经济的可持续发展起着重要作用。

3.3 泰安市水环境保护现状

3.3.1 饮用水水源地保护

近年来，泰安市水利局贯彻落实黄河流域生态保护和高质量发展战略，坚持“共同抓大保护，协同推进大治理”的原则，以保障百姓饮水安全为出发点，将水源地保护纳入为民办实事的重要议程，多措并举、持续发力，切实强化饮用水水源地的保护工作，持续打好水源地保护攻坚战，在全省率先公布市级重要饮用水水源地名录，为泰安市水源地保护攻坚战吹响了“冲锋号”。

2019年为认真落实党中央、国务院和山东省委、省政府关于生态文明建设和生态环境保护的一系列决策部署以及习近平总书记视察山东重要讲话精神，认真落实国家打好污染防治攻坚战的决策部署，牢固树立和践行“绿水青山就是金山银山”理念，泰安市根据《山东省打好饮用水水源水质保护攻坚战作战方案（2018～2020年)》任务要求，制定了《泰安市打好饮用水水源水质保护攻坚战作战方案》(以下简称《方案》)。

《方案》共分为三部分，围绕解决泰安市饮用水水源突出问题，立足泰安市实际，提出了在饮用水水源地规范化建设、南水北调沿线水污染防治、防范水环境风险三方面工作重点。

① 在持续加强饮用水水源地规范化建设方面，要根据水源地基础环境状况，及时、科学划定水源保护区。在水源保护区界线顶点、重要拐点、陆域水域交界处等位置设立保护区界碑、界桩；在人群活动密集的路口、取水口、道路等位置设置保护区宣传牌；在水源一级保护区、二级保护区和准保护区内的主干道、高速公路等交通路线旁的道路进入点和驶出点，设置道路警示牌。对一级保护区周边人类活动较为频繁的水源地，设置物理隔离防护设施，条件允许的完全隔离；对水源保护区内有高速公路等道路交通穿越的水源地，采取建设防撞护栏、集中排水设施等措施；对水源保护区内存在输油管道穿越的水源地，采取防泄漏措施。

② 在深化南水北调沿线水污染防治方面，要深化工业污染防治，严格执行南四湖东平湖流域水污染物综合排放标准，按期完成钢铁、火电、地热型供暖等行业含氟化物废水的深度治理，确保工业污染源全面达标排放。强化城镇生活污染防治和加强农业及农村污染防治，农村新型社区基本实现污水收集处理。

③ 在有效防范水环境风险方面，各县（市、区）督促相关风险源每年进行一次风险隐患自查和风险源全面排查，完善风险隐患档案。科学制订水质监测计划，明确监测点位、监测指标及频次。定期监（检）测、评估集中式饮用水水源水质状况，每季度向社会公开。完善应急物资储备，建设应急工程、防护工程和水源地取水口应急工程，构建“三级”应急防控体系；做好南水北调沿线应急物资（装备）储备库及应急防护工程建设，以及主要入湖河流拦污坝等应急缓冲设施建设。

2022年年初，按照《山东省水利厅关于做好饮用水水源保护有关工作的通知》要求，立足泰安实际，将供水人口在1万人以上的饮用水水源地（含国家级、省级饮用水水源地）全部纳入全市重要饮用水水源地名录管理，将水源地保护提升到全市高度，提请市政府，以泰安市政府办公室名义下发《泰安市重要饮用水水源地名录》（泰政办字［2022］13号），公布了52处重要饮用水水源地，涵盖了国家级饮用水水源地2处、省级16处、市级34处，深化提升了水源地保护的政治站位。

排查水源地保护区内污染隐患，建立市县（区）两级水行政执法巡查制度，优化完善了城区水源地巡查机制。积极争取市级财政资金，坚持对省级以上饮用水水源地进行常态化水质监测，强化市级以上饮用水水源地的检测管理，全方位、全时段落实水质检测，保障供水水质持续达标。落实水源地达标建设长效机制，以全面保障国家级重要饮用水水源地达标建设为基础，逐步扩大范围，每年定期抽取市级以上水源地进行达标建设评估，拟将评估及整改结果纳入市对县最严格水资源管理制度考核机制。强化水源地准入和准出机制建设，实施动态管理，全面落实水源地长效管理与保护，逐步推进城市应急备用水源地建设，确保水源地保护工作精于细处、落到实处。

进行多方位、深层次的水源地宣传保护，联合有关县市区、水源地管理单位，在水源地黄前水库石屋志河河口开展饮用水水源地环境保护主题宣传活动，向群众宣传水源地保护相关法制法规。依托世界水日、中国水周，深入水源地周边村庄、学校，通过分发宣传单页、安排流动宣传车和现场讲解等方式，普及水源地保护知识，以多种形式扩大宣传效果，营造全社会保护的浓厚氛围。

3.3.2 地下水污染防治

2021年，泰安市成功入选全国21个地下水污染防治试验区建设城市。纳入试验区后，泰安市制订印发方案，成立工作专班，以划定污染防治重点区、强化在产企业防治、加强水源补给区保护等为重点，努力提升地下水监管能力，从源头加强地下水污染管控，保障水源安全。

相对于地表水污染而言，地下水污染具有隐蔽性、滞后性、复杂性等特点，污染防控和修复的难度较大。为摸清底数，泰安市完成7个化工企业集聚区、26个工业污染源地下水环境状况调查成果集成，实施垃圾填埋场、重点污染源地下水环境状况调查评估，全面摸清地下水质量状况。强化源头管控，建立发布地下水污染防治重点排污单位名录、土壤污染重点监管单位名录，督促企业全面完成自行监测、隐患排查等重点工作任务，实现对土壤和地下水环境污染的有效防控。在加强地下水型饮用水水源保护方面，印发《泰安市重要饮用水水源地名录》，组织开展饮用水源规范化建设，每月定期开展水源水质监督性监测，做好水质安全管控。

2022年4月，泰安市在全省生态环境系统中率先出台了《关于开展“环保管家”服务工作的指导意见》，先行先试引入“环保管家”试点服务。目前，已在新泰、肥城、宁阳、岱岳4家化工园区引入“环保管家”服务，积极推动污染防治工作的第三方治理，充分利用“环保管家”在专业技术和人力资源方面的优势，帮助企业落实土壤、地下水污染防治重点工作任务，解决生态环境治理实际问题，提高环境管理的精细化、系统化、科学化水平。

地下水是水系统的重要组成部分，对保障城乡供水、支持经济社会发展和维护良好生态环境具有重要作用。通过地下水污染防治试验区建设，能够进一步摸清全市地下水环境质量状况，明确地下水污染防治重点区域，通过地下水生态环境保护政策和制度的逐步完善，切实筑牢地下水资源安全屏障。

2023年，泰安市更新发布16家地下水污染防治重点排污单位名录，重点排污单位均已按要求依法安装水污染物排放自动监测设备，并与生态环境部门的监控设备联网，将地下水污染防治义务纳入排污许可管理。同时建立渗漏排查企业清单，组织召开渗漏排查工作技术培训会，积极组织推进33家企业全面开展渗漏排查和防渗改造工作。

泰安市持续探索修复治理的“泰安模式”，紧盯污染源头，一批地下水污染修复试点和亮点项目涌现。在新泰循环经济产业园，对园区企业重点防渗区地面、污水管网和污水检查井开展渗漏检测，对1.5km污水管网的破损点进行了修复，对6座污水检查井实施了防渗改造，探索形成了“源识别＋量检测＋补漏点”的防控模式，园区污水渗漏量减少约98％，改造成本降低约50％，有效减少了土壤、地下水环境污染风险，为我市开展重点污染源企业渗漏排查工作提供了借鉴经验。

在宁阳化工产业园，创新开展园区综合管廊和“一企一管”项目建设，将地下管道改为架空敷设，防止生产过程中遗撒、扬散对环境的影响，并建成综合智慧监管平台，园区智能化监管实现全覆盖。同时先行先试，通过开展详细调查、风险管控等手段，将有机污染物稳定控制在管控目标值范围内，进一步改善和提升了园区地下水环境质量。

3.3.3 节水型社会建设

2013～2017年，在山东省最严格水资源管理制度考核中泰安市连续五年考核优秀。

2018年，泰安市荣膺“国家水生态文明城市”“全国水资源管理先进集体”两项称号。

2019年，继2011年泰安市首获“国家节水型城市”称号之后，又顺利通过复审。

截至2019年，泰安市所辖6个县（市、区）全部通过县域节水型社会建设技术评估，县域节水型社会达标建设实现“满堂彩”，成为全省两个实现100％全覆盖的地级市之一，肥城市、东平县、岱岳区、新泰市先后成为创建国家高效节水灌溉示范县，创建数量为全国地级市中之最。

（1）完善体制机制，夯实节水保障基础

泰安市推动用水方式由粗放向节约和集约转变，大力推进节水型社会建设。在新一轮机构改革中，泰安市进一步明确了节约用水部门的管理职能，界定了发改、工信、住建、农业等部门的职责；对《泰安市节约用水管理办法》《泰安市取水许可管理办法》等进行了修订，为落实以水定需提供了依据；与工信、住建等部门初步建立了节约用水联席会议制度，形成了齐抓共管、整体推进的工作格局。

（2）加大宣传引导，增强社会节水自觉

泰安市采取集中宣传与日常宣传、平面宣传与立体宣传、线上宣传与线下宣传相结合的形式，利用“世界水日”“中国水周”等契机，广泛宣传全市水资源现状和节水知识，推进节水护水宣传进机关、进学校、进工厂、进社区、进乡村；在水利行业、重点用水单位组建全市节约用水志愿服务队18支，人数近400人；在学校开展“节约用水从我做起”公益宣传活动，开展节水知识大赛与征文比赛，使节水护水观念逐步深入人心。

（3）实行价格调控，经济手段促进节水

泰安市水利、住建、财政等部门联合制定了城区生活用水阶梯水价，实行三级阶梯水价。以每户4口人、每年$144m^3$用水为基数，对应基本水价为1.8元/m^3；二级水量为$144\sim240m^3$，对应阶梯水价为2.7元/m^3；三级水量为$240m^3$以上，对应阶梯水价为5.4元/m^3。阶梯水价的实施，有效推进了家庭生活节水有序推进。实行水资源税改革，费改税以来，泰安市对577家取用水单位进行了信息核实，清查252家非法取用水单位。水利、财政、税务等部门以核查非法取水、核定取用水量、严格取用水管理、督促足额纳税为重点，加强协调，规范征缴，年征收数额2019年增加到1.1亿元。

（4）强化行政监管，全力推进节水工作

泰安市近年来共开展水资源论证870余项，换发取水许可证152个，核减水量3600余万立方米，完成了区域用水总量、用水强度双控制和行业用水水权分配、大型灌区取水许可工作。

泰安市着力推进节水载体建设，形成覆盖各行业、各领域的节水载体建设体系。强化计划用水，按照“快”抓部署、“准”抓计划、“严”抓考核的工作思路，对自备水源和公共水源单位综合实际用水量、用水定额、发展潜力等因素，分别制订用水计划，每季度对取用水户实际取用水量、水资源税（费）征缴数额及执行超计划累进加价征收税（费）情况进行严格检查。推进水资源信息化建设，促进了水资源管理向动态管理、精细管理、智能管理转变。

泰安市以最严格水资源管理制度为抓手，以落实国家节水行动计划为重点，把水资源作为最大刚性约束，统筹做好保护水、节约水、多蓄水、引客水、用中水，建立健全政府调控、市场引导、公众参与相结合的节水新机制，加快建设节水型社会。根据《山东省实行最严格水资源管理制度考核暂行办法》，泰安市 2015 年、2020 年、2030 年用水总量控制指标分别为 13.34 亿立方米、13.59 亿立方米、14.80 亿立方米，根据《山东省水利厅关于印发各设区市 2016 年度水资源管理控制目标的通知》(鲁水资字［2016］12 号)，全市 2016 年用水总量控制指标为 13.39 亿立方米，其中，地表水、地下水、黄河水的控制指标分别为 5.62 亿立方米、6.56 亿立方米、1.21 亿立方米。

近年来，泰安市还紧紧围绕为全社会提供可靠的水资源保障这个根本目标，坚持依法治水、科教兴水战略，在水源规划、取水许可、水资源保护、计划用水、节约用水以及其他基础科研方面狠下功夫，取得了明显成效。泰安市共核发取水许可证 4408 套，审批水量 11.37 亿立方米，98%的用水户纳入了许可管理，水量占全社会总用水量的 99%，每年征收水资源费 4000 万元左右，发展各类节水灌溉面积 20 万亩，年节水近 4 亿立方米。岱岳区、宁阳县、泰山区先后成立了水务局，将涉水事务全部交由水务局管理。

泰安市制订《泰安市城市节水专项规划（2018～2020 年）》，规划范围为《泰安市城市总体规划（2011～2020 年）(2017 年修订）》确定的中心城区范围，规划期限为 2018～2020 年，远景展望至 2035 年。规划目标为到规划期末，通过包括常规水源节水规划，非常规水源节水规划，示范型小区、单位、企业节水规划等各项节水规划措施的落实，日节水约 16.28 万立方米，达到国家节水型城市的有关标准。主要规划内容包括常规水源节水规划，非常规水源节水规划，示范型小区、单位、企业节水规划等方面内容。

① 常规水源节水规划。主要包括四方面内容：一是给水水源，严格落实对水源地的保护；二是给水管网，将直径 DN600mm 以下的混凝土管改造为塑料管或铸铁管，更换老旧管网和漏损量较大管段；三是工业节水，重点加大工业用水重复利用率；四是居民生活、绿化、消防、环卫、建筑工程，充分利用再生水和雨水。通过各项措施，至规划期末，常规水源日节水约 4.15 万立方米。

② 非常规水源节水规划。非常规水源包括再生水和雨水。规划保留第一、第二再生水厂，在现状第三污水处理厂内新建第三再生水厂，在现状第四污水处理厂内扩建第四再生水厂。将再生水用于景观环境、园林绿化、厕所冲洗、道路清洗、车辆冲洗、工业生产等领域。对于雨水，进行收集回用和调控排放，用于渗入地下、涵养地下水等。至规划期末，非常规水源日节水约 12.13 万立方米。

③ 示范型小区、单位、企业节水规划。确定开元盛世·智园等 5 个小区作为节水型示范小区，市公用事业管理局等 6 个单位作为节水型示范单位，山东泰和集团公司等 5 个企业作为节水型示范企业。通过示范型小区、单位、企业的模范带头作用，提高全民节水意识，实现最广泛节水。

3.3.4 水生态文明城市建设

创建全国水生态文明城市，是泰安市继创建国家卫生城市、节水型城市、人居环境奖、森林城市之后确定的又一个目标。2014 年 5 月，泰安市入选全国第二批水生态文明城市建设试点，当年 10 月，《泰安市水生态文明城市建设试点实施方案》顺利通过专家审查，并先后获得水利部、山东省政府批复，试点期为 2015～2017 年。

泰山、泰城、大汶河、东平湖、汶阳田以及泰汶山水文化是泰安市水生态文明建设的六大共生要素，整体构成了泰安市水生态文明建设的系统图幅，和谐共生，各具特色。泰安市水生态文明城市建设试点的主要思路即立足于“山-城-河-湖-田-文”六大板块构架，结合区域生态规划和水功能区划，优化生态功能区空间布局，打造“一脉三山六片，一核四翼多元，一轴三廊众支，一湖百库千塘，一域卌片千点，山水城乡交融”的泰安市水生态文明建设格局，实现“山青溪长，城润业兴，河畅水净，湖清物丰，田沃村秀，文弘制严”的总体目标。为此，泰安市政府编制了“一大四小”5个实施方案（“一大”即泰安城区，“四小”即周边四个县市），提出包括生态治理、落实政策、民生建设、亮点工程、依法行政、渔业生产、改革创新七项具体的工作。突出典型示范项目，大力实施175个水生态工程项目。

通过三年试点建设，全市通过优化配置、节约保护、综合治理、制度约束等措施完善水生态保护格局，水生态文明各项规章制度基本建立，最严格的水资源管理制度得到有效落实，水生态环境质量明显改善，水安全保障能力不断增强，南水北调东线供水水质保障能力进一步提高，水安全保障能力大幅提高，取得了显著的生态环境、社会效益和经济效益。2018年8月，泰安市以93.1分通过水利部技术评估，实现从“依山而建”向“依山傍水”的跨越发展。2019年5月水利部印发第二批通过全国水生态文明建设试点验收城市名单，泰安市通过验收，成为第二批通过全国水生态文明建设试点验收的58个城市之一。

（1）实施清洁海绵小流域建设，实现了“山青溪长”

泰安市以提升山区水源涵养能力为核心，充分发挥水生态自然修复功能，实施“绿色伴山、绿色绕水”和“山区灭荒”建绿行动，并着力推进水土保持工作，将水源地保护、山洪灾害防治相结合，先后实施了泰山彩石溪生态保护、石屋志生态清洁型小流域建设等山地水源涵养、山溪资源保护项目36处，水土流失治理面积2740km^2，全市水土流失治理率由60%提高到69%，森林覆盖率由38%提高到39.56%，居山东省内陆城市第一位。

通过彩石溪生态保护综合治理工程，水陆统筹，实施活水、固沙、减污等一系列措施，疏通了河道，涵养了水源，改善了水质，形成了“彩石水中秀，碧水画上走”的独特风景，创建了山东省第一条清洁型小流域，成为山东省十大森林生态景观之一。

（2）推进治污减排与提质增效，实现了“城润业兴”

泰安市以建设山水城市为目标，在保障供水安全的基础上，大力开展城区水域生态治理，实施城市生态水系打造、城市水体污染治理、节水减排等项目 37 处，促进了产业转型升级，有效提升了城市水生态环境质量以及节水减排增效水平，打造了优美的城市水环境。

泰安市通过开展入河排污口综合整治，建立了排污口登记台账，封堵关闭入河排污口 128 处，并印发了《泰安市入河排污口监督管理办法》，建立入河排污口市级检查机制，强化日常管理。同时，全面推进规模以上企业节水减排，康平纳公司纺织印染工艺每吨纱的用水量由 130t 下降到 40t，获国家科技进步一等奖。

（3）开展生态治理与生态调度，实现了“河畅水净”

泰安市以打造生态廊道为核心，以全面推行河长制、湖长制为龙头，通过实施大汶河河道“四清”行动、骨干河道生态廊道等 29 处项目，开展全链条的治水提质行动以及闸坝生态流量调度，改善河道环境状况，实现对河道环境的提升、对生物生态的优化。试点期末，水功能区水质达标率由 60％提高到 80％，2017 年大汶河干流生态基流基本得到满足。

泰安市实施大汶河生态廊道建设工程，以河流廊道空间分区理念为指导，划定湿地保育区边界，开展退渔还湿工程，修复河岸湿地 2220 亩，建成大汶河生态护岸 17km，形成了生态、休闲、文化、宣教“多功能耦合的生态廊道”，改善了整个区域的生态环境，再现了“汶水、徂徕如画”的山水自然生态胜景。汶河生态治理让周边地下水位平均提升近 2m，极大地改善了沿河生态环境，激活了大汶河的生态主动脉功能。

同时，通过实施湿地建设、生态修复、水生生物保育等 23 处项目，促进了全市生态质量的整体提升，实现了“湖清物丰”，并对全市150座小水库全面实施除险加固，水安全保障能力大大提高。

(4) 加大节水增效与面源防控，实现了“田沃村秀”

泰安市以改善农村水生态环境为目标，重点落实面源污染治理、农业节水、农村饮水安全等措施；4个县市区成功创建国家、省级高效节水灌溉示范县，建成节水农业和水肥一体化样板园区5个；实施粪污处理和城乡环卫一体化项目。

持续推进农村饮水安全巩固提升工程，按照“规模化的供水工程体系、可靠的水源安全体系、长效的运行管理体系、满意的服务保障体系、有力的行政监管体系”五大体系监管新模式，不断加强供水水源建设、水源地保护和水质监测，确保农村居民饮水安全。全市城乡规模化供水覆盖率由75%提高到82%，集中式饮用水源地水质达标率100%，饮水不安全人口减少70万人，农村自来水普及率达到95%以上。

同时，注重弘扬传承水文化，从制度入手，先后出台了50多项配套法规、规范性文件，初步建立了以水法为核心，多层次、多框架的水资源管理配套法规体系，基本建立起了一套有目标、有任务、有考核、有奖惩的最严格水资源管理制度体系。此外，泰安市建设了泰山博物馆、大汶口文化遗址、汶河文化长廊、戴村坝文化博物馆，实现了“泰汶山水文化”的固化和传承，实现了“文弘制严”。

3.3.5 海绵城市建设现状

所谓“海绵城市”是指城市能够像海绵一样，在适应环境变化和应对自然灾害等方面具有良好的“弹性”，下雨时吸水、蓄水、渗水、净水，需要时将蓄存的水“释放”并加以利用，通过加强城市规划建设管理，充分发挥绿地和水系等生态系统对雨水的吸纳、蓄渗和缓释作用，有效控制雨水径流，实现自然积存、自然渗透、自然净化的城市发展理念。海绵城市是中国针对国情提出的雨洪管控策略，是通过加强城市建设管理，充分发挥建筑、道路和绿地、水系等生态系统对雨水的吸纳、蓄渗和缓释作用，在减少城市受到洪涝灾害冲击的前提下，最大限度地存蓄、渗透、净化城区内的雨水资源，实现雨水资源的循环利用，保护城市的生态环境。

2013年12月，习近平总书记在中央城镇化工作会议中，首次提出建设海绵城市的概念。2014年2月住房和城乡建设部将“加快研究海绵型城市”作为当年的工作重点，并于同年9月，发布《海绵城市建设技术指南——低影响开发雨水系统构建（试行）的通知》。2016年，泰安市被确定为山东省海绵城市建设试点城市，确定汶河新区、东部老城区作为海绵城市建设试点区域，以规划为引领，以工程为抓手，全面推广海绵城市建设。海绵城市建设是个系统工程，涉及住建、规划、水利等部门。泰安市政府成立海绵城市建设领导小组，明确各部门责任，在项目施工许可、施工图审查、竣工验收备案等工作环节中进行严格把关，同时建立健全工作机制，完善各项工作制度，增强海绵城市建设的整体性和系统性。出台了《关于加快推进海绵城市建设的实施意见》(以下简称《意见》)，提出增强城市防涝减灾能力，提高城市水生态品质，提升城市综合承载能力，到2020年，泰安城市建成区25%以上的面积要达到海绵城市建设要求，75%的面积实现降雨就地消纳和利用。

《意见》要求加强城市水系生态治理，优先利用现有河流、湖泊、湿地、坑塘、沟渠等自然水体，实现海绵城市建设目标要求。加大河道整治力度，建设拦水坝、水闸、谷坊、非铺底河床、生态缓坡、湿地公园等，增加河道渗漏调蓄能力，具备条件的河道要推广运用自然生态驳岸、弯曲河岸线等生态措施。通过控源截污、河道清淤疏浚、补水活水和增加河道植被等，去除雨水径流污染，提高河道水体质量。加强污水处理设施建设，优先升级改造落后设施，完善城市污水配套管网、再生水回用管网和雨污分流系统，提高污水收集能力，减少污水直排河道，逐步消除黑臭水体。强化城中村、老旧城区和城乡结合部污水截流及处置，加快改造危旧供水管网，提高供水保障能力。结合引调水工程及新建水库工程，实施小流域水土保持综合治理工程，完善城市供水布局。

《意见》明确，各县（市、区）政府作为海绵城市建设的实施主体和责任主体，要加强组织领导、统筹规划和任务落实。有关部门和单位要密切配合，形成推动区域试点的工作合力，增强海绵城市建设的整体性和系统性。优先安排海绵城市建设项目列入年度预算和建设计划，提高城市建设维护资金、土地出让收益、财政预算资金用于城市排水防涝等设施改造、建设和维护资金的比例，积极争取上级财政补助，全力推进海绵城市建设。推行政府与社会资本合作（PPP）模式，鼓励和支持社会资本参与海绵城市建设，拓宽融资渠道。

建设海绵城市的总体要求是，坚持节水优先、空间均衡、系统治理、两手发力的治水思路，通过“渗、滞、蓄、净、用、排”等措施，有效减轻洪涝危害，净化水体环境，缓解城市热岛效应，恢复城市生态体系；科学规划、统筹实施城市水系统、园林绿地、道路交通、建筑小区建设，建立完善的管控机制，使海绵城市理念贯穿城市规划建设管理全过程，促进新开工项目达到市建设标准，逐步建设成为具有“自然积存、自然渗透、自然净化”功能的海绵城市。

泰安市编制并实施了《泰安市海绵城市专项规划（2016～2030）》，划定徂徕山景区（面积约 70.85km^2）和东部老城区（面积约 7.45km^2）作为试点建设区。规划要求，到 2030 年，城市建成区 80%以上的面积达到径流控制率 75%要求。

按照《泰安市海绵城市专项规划》，泰安市在海绵城市生态格局方面，构建了“一带、六廊、两心”的海绵空间结构。其中，“一带”指汶河、泮河生态景观带。“六廊”指沿七里河、奈河、梳洗河、双龙河、冯庄河和凤凰河形成的绿色生态廊道。“两心”指以汶河与天泽湖交汇口为水域中心，建设功能完善的水生态圈；以天平湖周边绿地为区域绿地核心，打造城市“绿肺”。

2017 年泰安确定了博城社区（C 地块）海绵城市建设工程、

凤天路北段及北天门大街西段绿化工程、凤翔路人行道板工程、双龙河黑臭水体整治和海绵城市改造工程、梳洗河生态水系改造和提升工程、桃花源路海绵城市建设工程6个海绵型建设项目。博阳路、万官大街、佛光路道路建设工程，梳洗河生态水系改造和提升工程，汉博园一期工程，大汶河流域泮河（天泽湖）人工湿地水质净化工程等一批海绵城市建设项目先后实施。

2022年泰安市高标准推进城市品质提升试点片区、试点项目建设，大力推进泰山区岱北片区和市旅游经济开发区开元河片区2个省级试点片区，有序开展海绵城市及地下管廊建设。全市城市建成区累计新增海绵城市汇水面积100.49km^2，建成地下综合管廊34.07km。

3.3.6 河湖长制建立

河湖长制即由各级党政负责人担任河（湖）长，组织领导相应河湖的水资源保护、水域岸线管理保护、水污染防治、水环境整治、水生态修复、执法监管等管理保护工作的制度体系和工作机制。泰安市委、市政府先后出台了《泰安市全面实行河长制工作方案》和《泰安市在湖泊实施湖长制实施方案》，分别于2017年年底前在全市全面建立了河长制，2018年9月底前全面建立了湖长制，同时，全市各级各有关部门自我加压，层层推进，将河湖长制体系设置延伸至村级，比中央要求多了一级；将河湖管护范围延伸至全市所有河流、水库、湿地、塘坝，河湖管护范围更广、责任体系更密。各成员单位充分发挥各自职能优势，主动履职，在联合执法、城乡环境综合整治、水质监管、工农业及畜禽养殖污染防治、水陆交通污染治理、河湖问题整治等方面开展了一系列活动，形成了政府主导、河长带头、部门协作的良好工作格局。

泰安市市、县、乡三级先后出台了会议制度、考核办法、部门联动制度、信息报送制度、督察督办制度、验收办法、河长巡查制度、河长办工作规则、河长联系部门工作规则9项制度办法。创新实行“河长巡查制度”“河道警长制”，立足全市水情，坚持标本兼治、综合施策，着力夯实各项工作基础。开展河湖及水利工程管理范围和保护范围划定，组织“一河一策”编制和实施，开展河湖长制信息化建设，编制完成建设方案，规范河长制公示牌设置，2017年年底前，集中开展“清河行动”，2018年以来，对辖区内河湖全面开展拉网式排查，2018年9月发布了《泰安市人民政府关于全面禁止河道采砂的通告》，实行河砂全面禁采。坚持把强化督查督办作为推动河湖长制重点工作的重要手段，有效加强群防群治。加大培训力度，充分利用多种媒体手段，结合“泰安河长制”微信公众号、工作简报不断加大宣传力度，构建了全民参与、群防群治的工作格局。

泰安市各县市区立足实际全面施策，河湖长制工作呈现出多点开花、齐头并进的良好局面。泰山区大胆创新河道保洁模式，新泰市实行网格化责任落实、项目化生态修复、科学化统筹推进、常态化督促调度“四化”措施，肥城市采取“政府＋公司”合作模式，宁阳县在全省率先将PPP模式运用到河道综合开发中，东平县将河长制与城乡环卫一体化相结合，高新区不断加大河湖管护经费支持力度，泰山景区结合黄前水库水源地综合整治，强力拆除违章建筑，全面回收河湖垃圾，实施农村生活污水处理，有效保障了泰城饮用水水源地的生态安全。

3.4 泰安市水环境存在的问题

近年来，泰安市坚持水生态文明理念，推进河道综合治理，从源头上遏制水生态环境恶化，取得了一定成效。但是，泰安市的水环境还面临很多问题，形势依然严峻。

3.4.1 水资源保障能力大幅提升，但短缺问题持续存在

水资源量不足，年际、年内变化大；地区分布不均匀，开发利

用难度大；随着经济社会的快速发展，水资源将更加紧张，供需矛盾更为尖锐。水资源短缺问题已成为全市“践行新理念、增创新优势、建设富裕文明幸福新泰安”，提前全面建成小康社会目标实现的“瓶颈”制约。

泰安市年人均水资源量299m^3，低于全省平均水平，不足全国人均占有量的1/7，按照联合国人均水资源量小于1000m^3为缺水区、小于500m^3为水危机区的标准划分，泰安市应为水资源危机区。

泰安市年径流量与降水特点基本一致，降水的年内、年际变化大，因而水资源量也具有同样的特点。泰安市80%的年径流量集中在汛期（6～9月），其余8个月的径流量仅占20%；年际变化更为明显，如大汶河戴村坝站最大年径流量55.63亿立方米（1964年），为最小年径流量1.14亿立方米（1989年）的48.8倍。据水资源供需平衡分析，泰安市现状年平均需水量为16.5亿立方米，枯水年平均缺水2.78亿立方米，缺水率15.5%；特枯水年缺水6.95亿立方米，缺水率35.2%，泰安市每年因干旱造成的直接经济损失都在5亿元以上。

地下水资源由于受地貌、土壤、岩性、水文地质、地面植被等下垫面因素影响，分布和赋存有较大的差异。总的情况是平原大于山区，变质岩山区属贫水区，补给条件较好的岩溶山区地下水较丰富。沿牟汶河、柴汶河、康汇河的泰、莱、肥、宁平原含水层颗粒较粗，补给条件好，地下水资源比较丰富，一般补给模数在20万～30万立方米/km^2。由东部向西部逐渐减少，多年平均径流深：新泰为230mm左右，而西部东平、肥城为90～151mm。

在水资源总量有限的情况下，随着人口的不断增加和经济社会的快速发展，泰安市供水能力明显不足，水资源短缺将成为影响全市社会经济发展的“瓶颈”制约。城乡之间、工农之间、人畜之间争水矛盾日益突出，区域性缺水、季节性缺水、行业性缺水多发频发，资源型缺水、工程型缺水、水质型缺水和管理型缺水同时存在。水资源总量不足、时空分布不均、与生产力布局不相适应、人多地少水缺是泰安市需长期面对的基本市情。近年来泰安市大力加强水资源优化配置，修建了部分水系连通工程，但水资源调配体系仍不完善。一方面，引黄工程建设配套不完善，1.21亿立方米黄河水未充分利用；另一方面，大汶河雨洪资源利用仍有较大潜力。泰安市近期无引江指标，与省级骨干水网联系较弱。

泰安市2021年度全市总供水量9.5812亿立方米，其中，地表水供水量3.6399亿立方米，占总供水量的37.99%，地下水开采利用量4.5850亿立方米，占总供水量的47.85%，其他供水水源为1.3564亿立方米，占总供水量的14.16%。全市地下水供水量是地表水供水量的1.26倍。在地表水供水量中，蓄水工程供水量占52.73%，引水工程占31.11%，提水工程占16.16%，黄河调水占4.1%（全部为提水）。在地下水供水量中，几乎全部为浅层水。

现状全市供水以当地水为主，供水水源过于单一，全市应对特殊干旱和连续干旱能力较弱。在极端气候突发条件下，全市供水保证率仍难以得到保障。例如，2013年全市降水持续偏少，作为泰安水源地之一的黄前水库，数月的干旱少雨天气使原本波光粼粼的水面成为大片滩涂，导致了城区供水危机。

3.4.2 水生态文明建设取得显著成效，但水生态安全仍存在隐患

泰安市被水利部列为全国水生态文明城市建设试点，为提升全市水生态文明水平提供了重要的历史机遇，全市水生态文明建设取得显著成效，但水生态安全仍存在隐患。局部地区对水土资源的过度开发已大大超出当地水资源、水环境承载能力，引发河道断流、地下水超采等一系列生态问题。作为中小河流的末端，大量农村河道萎缩，功能衰减，水生态环境恶化。城区水生态环境现状与泰安市旅游名城的定位不匹配，城市沿河自然景观遭到破坏，天然水系湖泊湿地保护力度有待加强。

由于水土流失治理力度小，国民经济社会发展难以避免造成一定的新增水土流失面积，在个别区域出现了水土保持面积边治理、边扩大的现象。截至2020年年底，仍有1464km^{2}的水土流失面积需要治理，水土流失治理任务依然艰巨。目前水土保持工作进入提质增效阶段，全市有5个水土流失重点治理区，1个水土流失重点预防区，水土流失治理标准不够高，治理水平有待进一步提升。

水体污染仍然严重。2021年6月，泰安市29个地表水监测断面中，优良水体（Ⅰ～Ⅲ类）13个，占44.8%，劣Ⅴ类6个，占20.7%，比上个月增加8.2个百分点；劣Ⅴ类断面主要超标项目为COD、氨氮和高锰酸盐指数等。2个省控考核断面中康王河陈屯桥水质达标，明堂河泰良路南许村桥水质超标，为劣Ⅴ类。13个市控考核断面中，明堂河泰良路南许村桥、梳洗河泰良路赵庄桥、芝田河邱家店镇南外环路桥、海子河入汶河口4个断面水质超标，且均为劣Ⅴ类。24个水功能区中，平阳河新泰保留区、光明河新泰源头保护区、光明河新泰保留区、柴汶河新泰源头水保护区、大汶河陈山口5个功能区监测断面超标。

3.4.3 节水水平有较大提高，但节水的综合技术体系尚未形成

泰安市通过严控用水总量、用水效率和水功能区限制纳污，大力推进农业节水、工业节水和城镇节水，全市节水水平大幅提升，但全社会节水型生产方式和消费模式尚未真正构建。

泰安市全市农业生产连续多年实现了增产增效不增水，但节水灌溉面积主要集中在大汶河两岸平原灌区，北部和东部山区还没得到充分发展，高效节水灌溉覆盖率不高且发展不均衡，呈现结构性失衡。节水工程病险率高，小塘坝、扬水站等田间小型蓄水工程老化失修严重、配套设施不完善，蓄水兴利效益难以充分发挥。种植结构不合理，耐旱性农作物种植率低，导致农业灌溉用水浪费

严重。

由于产权、管理权不明确的问题，很多工程缺乏正常的维护，老化损坏严重，工程正常效益不能得到有效发挥。井灌区很多地方仍然无限制开采地下水，地下水位不断下降。彩山、角峪、山阳、小安门等水库灌区，由于缺少测水量水手段，按亩收取水费的现象依然存在，平均为 0.06 元/m^3，低廉的水费导致水库渠道维修成本不足，很多水库大坝、渠道、供水设备等年久失修；还有个别乡镇灌区按小时收取电费，水费不收，水量没有限制，灌溉水浪费现象仍然存在。

群众节水意识淡薄，很多乡镇，尤其是偏远山区的农村群众普遍没有认识到缺水的严重性和后果，缺乏水危机意识。个别地区为了眼前利益和短期经济利益，仍在过量开采地下水，大水漫灌形式仍然存在。由于资金匮乏、信息不通畅等因素，农业节水设施和节水设备的研究开发方面水平较低。缺乏强大的技术支持，导致水资源优化配置和科学调度的研究水平不高，地表水和地下水很难实现水资源的最佳配置，上游地下水资源丰富，下游水资源短缺。

工业用水效率作为节约型社会建设的主要约束性指标，纳入了市委、市政府科学发展考核体系，但是现状年工业用水重复利用率为 70.06%，低于《山东省节水型社会建设技术指标》工业用水重复利用率 85%的要求，离全省平均水平 90%仍有一定差距。现状年城镇公共供水管网漏损率为 12.47%，跑冒滴漏、粗放利用等水资源浪费现象仍然存在，水资源的稀缺性和不可替代性没有得到真正体现。

节水管理制度尚待健全，“自律式”节水运行机制、激励机制尚不完善，有利于提高水资源使用效率和效益的水价形成机制尚未建立。全社会节水意识有待进一步提高，对节水的重要性、紧迫性和长期性认识不足，全市节水型社会尚未真正形成。

3.4.4 防洪减灾体系基本建立，但局部地区仍存在薄弱环节

泰安市基本构建起以大汶河主轴为依托的防洪减灾体系，但受极端天气事件影响，泰安市水灾害呈现突发频发重发态势。

首先是防洪减灾工程仍存在较多薄弱环节。大汶河干流上游堤防工程数量严重不足，干流大部分河段达不到50年一遇标准，部分中小河流缺乏综合治理；大汶河下游蓄滞洪区排水能力不足，排水体系尚不健全；部分病险水库水闸存在安全隐患，需要进行除险加固。

其次是防洪抢险组织指挥体系尚不健全，雨水情、工情监测能力不足。洪水测报、调度及抗洪抢险决策指挥的信息化体系尚待进一步完善。随着泰安市经济总量不断增加、人口财富日益聚集，洪涝灾害风险日趋加大，防洪减灾将面临严峻挑战。

3.4.5 水利管理服务组织体系初步建立，但现代水管理体制机制尚不完善

一是部分已建工程效益难以充分发挥。已实施除险加固的部分大中型水库难以按设计工况运行，实际蓄水能力远远低于设计标准。中小河流大部分均为重点河段治理，整河防洪标准仍难以达到设计防洪标准，部分河段处于洪水威胁之下；由于工程手段单一，部分河道在防洪治理后仍需启动拦水蓄水、生态景观等二次治理，造成投资浪费，综合治理效益缩减。

二是工程管理投入在水利投入中所占份额依然较少。部分水利工程维修养护经费仍未完全落实到位，少量小型水利工程仍处于“无人管、无钱管”的状态，工程安全状况令人担忧。

三是大部分水利工程管理方式仍然传统粗放。管理手段陈旧落后，工程运行管理、维修养护、技术服务等仍主要依赖行业力量，政府购买服务这一新型手段尚未有效运用。

总体来看，泰安市水利仍处于“补短板、破瓶颈、增后劲、上水平、惠民生”的发展阶段。必须牢牢把握保障水安全、加大水利投入等有利机遇，进一步深化水利改革，创新机制生，激发活力，攻坚克难，加快现代水利建设步伐，努力破解三大水问题，着力构建安全可靠的水安全保障体系，为经济社会又好又快发展提供支撑和保障。

3.5 泰安市水环境的保护优化措施

3.5.1 开源——构建坚实水网，增强水资源调配能力

结合泰安市水资源禀赋特点及国民经济产业布局，加强水资源时空调配能力建设，时间上实现丰蓄枯用，空间上实现丰枯互补。构建布局合理、生态良好，循环通畅、蓄泄兼筹，丰枯调剂、余缺互补，优化配置、高效利用的水网体系，保护河湖湿地水源涵养空间，增强水资源调配能力，恢复河湖生态系统及其功能。

3.5.1.1 加快市级骨干水网工程建设

泰安市骨干水网总体架构为“一轴五纵十横”。“一轴”指大汶河主轴为依托的梯级拦蓄开发工程；“五纵”即现状已建的肥城引汶调水工程、宁阳东引汶工程、宁阳西引汶工程、东平引汶工程，以及规划建设的王家院水库-大河水库联网调水工程；“十横”即现状已建的胜利水库引汶调水工程、颜谢引汶工程、汶口二号坝引汶济漕工程、肥城引黄供水工程、稻屯洼引汶工程、东平引湖电灌总站工程、东平引黄济湖工程、东周-金斗-光明水库联网供水工程，以及规划建设的南水北调东线二期泰安市配套工程、引黄入泰工程。

目前，已实施“五纵”中四项工程及“十横”中八项调水工程，基本构建起以大汶河主轴为依托的泰安市水网工程体系。在前期论证和综合协调的基础上，近期力争实施王家院水库-大河水库

联网调水工程市级骨干水网工程建设，提高泰城供水保障；中期实施南水北调东线二期泰安市配套工程；远期科学推进引黄入泰工程，建立多水源供水体系，确保干旱年份经济社会发展用水安全。

南水北调东线二期泰安市配套工程：规划从南水北调分水口向泰安市各县（市、区）输送长江水，工程沿大汶河铺设输水管道可调水至尚庄炉水库与供水管网连接向肥城市供水；调水至胜利水库与供水管网连接向泰城供水；调水至月牙河水库与供水管网连接向宁阳县供水；调水至光明水库、东周水库与供水管网连接向新泰市供水。引江水工程由引水管线、调蓄水库、水厂和配水管线组成，主要为引水管线 211km、5 座调蓄水库加固改建、水厂 5 座、泵站 10 座和配水管线等。工程估算投资 22.00 亿元。

王家院水库-大河水库联网调水工程：王家院水库新建泵站输水至鸡鸣返水库下游，新建二级泵站提水输送至大陡山水库自流至重河，输水管道采用 2 根 *DN*1500mm 预应力钢筒混凝土管，全长约 40km，可年调水 4000 万立方米。调水工程的实施，可将沿线 10 座水库连通，打造沿线生态廊道，发挥水生态环境效益。工程实施后，可为大河水库及泰城提供生态用水和城市景观用水，干旱年份可为泰城提供后备水源；同时可向沿线马庄、夏张镇等提供工农业及生态用水。

引黄入泰工程：拟从济南市平阴县田山电灌站黄河取水口引黄河水。工程内容包括：现状渠道改造、调蓄水库改造、原水泵站、原水管道、净水厂、水库出库泵站、清水输水管道、配水泵站、配水干管等。工程估算投资 18.99 亿元。

3.5.1.2 加快局域水网工程建设

根据全市骨干水网规划布局，指导各县（市、区）建设库河连通工程，并加强与市级骨干水网的连接，构建布局合理、蓄泄兼筹、丰枯调剂、生态良好的水网工程体系，增强水资源联调联配能力。泰山区实施邱家店镇瀛汶河引水工程等，岱岳区实施大河水库-龙门口水库联网调水工程、王家院水库-大河水库联网延伸调水工程、泉林坝向胜利水库调水项目等，肥城市实施引黄二级分干渠延伸连通工程、引黄三级干渠延伸连通工程、引汶调水东延续建工程、引汶调水西延续建工程等，宁阳县实施月牙河水库与杏山水库连通工程、贤村水库-磁窑镇高家店水库连通工程、桑安口水库-北泉河连通工程等，东平县实施引黄补湖工程、引汶调水北线工程、引汶调水南线工程等，泰山景区实施水网联通工程等。

3.5.1.3 加快雨洪资源利用工程建设

充分利用当地雨洪资源，根据省雨洪资源利用实施计划和国家、省有关政策，科学规划实施一批水库增容（在优先保证水库防洪安全的前提下）、新建小型水库、河道拦蓄等雨洪资源利用项目，提高泰安市雨洪资源利用水平，有效缓解全市水资源时空分布不均问题。

在农村，因地制宜发展集水池、集水窖等集雨设施，加强农村地区小水池（窖）、小池塘、小水渠、小泵站、大口井“五小”水利工程建设，充分发挥小型水源工程优势，提升农村雨水集蓄能力，规划实施一批雨水收集存储工程。在城市，规划实施下沉式绿地广场、人工湿地、雨水滞留塘等设施，实现雨水滞纳和存蓄，加快推进《泰安市海绵城市专项规划》建设，提高城市雨水集蓄利用；利用泰安煤炭开发产生的大量矿坑水，通过简单处理直接用于工业生产和农业灌溉，从而加强矿坑水处理回用。

3.5.1.4 加快污水再利用工程建设

目前泰安市城区污水处理厂再生水利用率为24%，今后应加快城镇污水处理设施建设，推进污水处理升级改造，加大城镇污水管网建设力度，加强老旧管网和雨污分流改造，完善污水收集系统；优化再生水处理工艺，完善再生水利用设施及配套管网，制订再生水利用优惠政策，加强城镇污水处理回用。

按照“上拦中滞下排”的思路，以东平湖防洪综合治理为重点，加强病险水库、水闸除险加固，强化区域防洪工程建设，加快构建以水库、河道和蓄滞洪区为架构的防洪减灾工程体系。坚持因地制宜，采取加高加固和新建堤防、河道疏浚等各种措施，推动实施河道防洪治理。2020 年，主要完成纳入国家规划的 1 项流域面积 $3000km^2$ 以上的大汶河重点河段治理，1 项流域面积 200～$3000km^2$ 中小河流治理工程。基本完成纳入国家规划的田村、月牙河水库 2 座中型水库和 216 座小型病险水库除险加固，并对大汶河砖舍坝进行重建。加强水库水闸运行观测，对存在安全隐患的病险水库水闸，及时开展安全鉴定，科学组织论证，确有必要的尽快实施除险加固，不具备条件的予以废弃。

3.5.2 节流——建设节水型社会，推动生产生活方式绿色化

落实最严格的水资源管理制度，实行水资源消耗总量和强度双控行动，加强重点领域节水，加快推进节水型社会建设，强化水资源对经济社会发展的刚性约束，推进经济社会发展转型升级和提质增效，构建节水型生产方式和消费模式。

3.5.2.1 落实最严格的水资源管理制度

一是强化节水约束性指标管理。实施水资源消耗总量和强度双控行动，细化落实市、县两级行政区域的用水总量、用水效率和水功能区限制纳污控制指标，健全取水计量、水质监测和供用耗排监控体系，严控区域取用水总量。

二是强化水资源承载能力刚性约束。全面落实建设项目水资源论证制度和规划水资源论证制度，取用水量已达到或超过用水总量的地区暂停审批新增取水；严格水功能区限制纳污控制，对排污量超出水功能区限制排污总量的地区严禁审批新增入河排污口。

三是建立水资源安全风险识别和预警体系。健全水资源安全风险评估机制，围绕经济安全、资源安全、生态安全，从水旱灾害、水供求态势、河湖生态需水、地下水开采、水功能区水质等方面，

科学评估全市及区域水资源安全风险，加强水资源风险防控。以市、县两级行政区为单元，开展水资源承载能力评价，建立水资源安全风险识别和预警机制。

3.5.2.2 加强农业节水

农业是用水大户，农业灌溉用水占到泰安市总用水量的60%，而土渠输水和大水漫灌的传统灌溉习惯，造成水的极大浪费。目前灌区水的利用率仅为50%左右，而真正被农作物利用的水量不足灌溉总用水量的1/3。因此，切实改变粗放的灌水方式，积极发展节水灌溉，已成为缓解水资源紧缺状况，扩大农田灌溉面积，实现泰安市农业可持续发展的战略措施和现实选择。

紧紧围绕现代农业发展和农业产业结构调整，以灌区续建配套与节水改造、小型农田水利工程和高效节水灌溉工程建设为重点，大力推进农田集约提升和耕地挖潜改造，扩大改善灌溉面积，提升灌溉保证率，努力建立长期、稳定的农田水利灌溉保障体系，促进农业“稳产、提质、增效”。大力推行节水灌溉，在保证全市粮食安全、农业持续健康发展的前提下，严格控制农业用水总量，新增灌溉面积用水通过农业自身节约的水量解决。

一是加快实施灌区续建配套与节水改造。加强现有灌区输水渠道衬砌改造，完善路、沟、渠、桥、涵、闸等工程布置，逐步恢复提高灌区输配水能力和运行管理能力，打造现代化节水型生态灌区。

二是大力推进田间工程节水改造。加快实施农田水利项目建设，通过财政资金引导、示范区辐射、政策扶持等措施，引导各地根据水资源禀赋条件和种植结构，大力发展末级渠系衬砌、管道输水、喷灌、滴灌等田间节水灌溉工程，提高用水效率。引黄灌区，实施自流区渠道衬砌和提水区管道灌溉、灌排分设；井灌区，实施管道灌溉，推广无井房IC卡控制、膜下滴灌、喷微灌等节水灌溉方式；山丘区，综合利用小水库、小水池、小水窖等各种水源，实施水系联网、多水源联合调配，发展喷灌、微灌等节水灌溉工程；

土地集约经营区，规模发展喷灌和膜下滴灌等高效精准灌溉。

三是加快推广农艺节水技术。大力推广水肥一体化技术，节约水资源，优化环境。积极推广应用深耕深松、覆盖保墒、保护性耕作等技术，蓄住自然降水，用好灌溉水，增加田间土壤蓄水能力，减少土壤水分蒸发，控制作物蒸腾，实现农艺节水。

四是加快健全管理制度。深化农业灌溉用水管理体制改革，加快构建以优化配水、用水总量控制和定额管理为核心的制度体系。加强农业用水计量设施建设，逐步建立“定额内用水优惠水价、超定额用水累进加价”的农业用水新机制。建立健全农业水权制度，在保障农业用水需求的前提下，鼓励通过市场转让方式促进农业节水。

3.5.2.3 加强工业节水

以提高水的利用效率为核心，以企业为主体，实施重点领域能效提升计划、“工业绿动力”计划、循环发展引领计划，全面提升工业节约用水能力和水平，加快建设节水型工业。

一是加快淘汰落后高用水工艺、设备和产品。依据《重点工业行业取水指导指标》，对现有纺织印染、造纸、钢铁等高耗水企业达不到取水指标要求的落后产能，进一步加大淘汰力度。

二是推广节水工艺技术和设备。发布全市重点工业行业用水标杆企业和标杆指标，大力推进循环利用、高效冷却、分质供水，加快淘汰落后用水工艺、技术和项目，鼓励工业园区实行统一供水、废水集中处理和循环利用。

三是加强重点行业取水定额管理。严格执行取水定额标准，对原煤、焦炭、水泥、造纸、啤酒和化肥等行业，对不符合标准要求的企业，一律限期整改，整改后仍达不到要求的，超定额部分累进加价征收水资源税。

四是严格控制新上高耗水工业项目。加快实施新旧动能转换，聚焦“四新”，促进“四化”，大力发展高新技术产业。

五是提高工业废水资源化利用率。在造纸、钢铁等行业，推广特许经营、委托营运等专业化模式，提高企业节水管理能力和废水资源化利用率；开展废水“零”排放示范企业创建活动，树立一批行业“零”排放示范典型。各类工业园区、经济技术开发区、高新技术开发区采取统一供水、废水集中治理模式，实施专业化运营，实现水资源梯级优化利用。

3.5.2.4 加强城镇节水

一是加快城镇供水管网改造。加快改造“跑、冒、滴、漏”和浪费水严重的城镇公共供水管网，努力减少输水损失。加强公共建筑和住宅小区节水配套设施建设，大力推广使用城镇生活节水器具，强化特殊行业用水管理，创建节水型公共机构、节水型企业、节水型居民小区。

二是制定泰安市节水器具标准，抓好市场管理，逐步淘汰高耗水器具。加快实施城镇生活节水器具普及工程，使用公共供水和自备水的新建、改建、扩建工程项目，必须配备节水设施和使用节水器具，并与主体工程同时设计、同时施工，同时投入使用；限期淘汰公共建筑中不符合节水标准的水嘴、便器水箱等生活用水器具，鼓励城镇家庭使用节水型卫生器具。

三是大力宣传节水和“洁水”观念。积极开展节水宣传教育，树立节约用水就是保护生态、保护水资源就是保护家园的意识，营造亲水、惜水、节水的良好氛围，使爱护水、节约水成为全社会的良好风尚和自觉行动。把水情教育纳入国民素质教育体系、中小学教育课程体系和党政干部培训课程体系，鼓励建设中小学节水教育社会实践基地。

四是全面实行城镇居民用水阶梯价格制度。建立非居民用水超计划超定额累进加价制度，并适时提高水价阶梯标准。健全水资源有偿使用制度，积极推进水资源税改革。

3.5.3 生态——加强水资源保护，建设河湖健康发展新格局

牢固树立“绿水青山就是金山银山”的发展理念，以水生态文

明城市试点建设为契机，在“山-城-河-湖-田-文”水生态文明建设框架的基础上，继续把水生态文明建设摆在水安全保障工作的突出地位，围绕加快构建生态功能保障基线、环境质量安全底线、资源开发利用上线“三大红线”，加强水资源保护、水污染治理、水生态修复，加强水土流失综合防治和森林湿地建设，改善河湖和地下水生态环境。

3.5.3.1 加大水资源保护力度

加强集中式地下水饮用水源地保护，落实饮用水水源地核准和安全评估制度。全面开展重要饮用水水源地安全达标建设，实施水源地安全警示、隔离防护、水源涵养和修复措施。强化饮用水水源应急管理，完善突发水污染事件应急预案，提高突发水污染事件应急处置能力。

坚持“农村供水城市化，城乡供水一体化”和“规模化发展、标准化建设、规范化管理、市场化运行、企业化经营、用水户参与”建设思路，以集中水源建设、管网改造、水质处理为重点，加快农村饮水安全巩固提升工程建设，着力构建水质合格、保障率高、保护到位的水源体系，规模大、标准高、质量好的供水工程体系。以水库和优质地下水富集区为中心，加大集中供水、联村供水工程建设和城市供水管网延伸、改造力度，提升农村规模化供水程度，进一步提升农村人口饮水安全保障能力。

加强水功能区监督管理，强化入河湖排污总量管理，优化调整沿河湖排污口、取水口布局，对问题突出、威胁饮水安全或水质严重超标区的排污口实施综合整治。依法清理保护区内排污口。开展重要河湖健康评估，加强河湖库生态调度研究，健全生态用水统筹调配机制。

加强森林资源修复，提高国土绿化水平，开展低山丘陵防护林和示范林建设，加强多林种、多树种、多功能、多效益防护林基本骨架，完善生态防护林体系。认真贯彻落实习近平总书记“绿水青山就是金山银山”的生态发展理念，大力实施“绿满泰安”行动，全面提升国家森林城市建设水平，着力增加国土绿化覆盖，全面加强生态资源保护。

按照“总量控制、节水优先、统筹调配、系统治理”的原则对超采区进行治理。泰安市地下水超采区位于宁阳县西部冲积平原，涉及东疏、泗店、八仙桥、文庙4个乡镇、街道，超采区总面积103.2km^2，地下水超采量为83.79万立方米，全部为浅层地下水。综合整治的主要任务包括控采限量、节水压减、水源置换、修复补源四个方面，控采限量主要是通过实行最严格的水资源管理制度，对超采区所在县下达年度地下水开采量控制指标，从严控制区域地下水开采量。节水减压主要是通过贯彻落实“节水优先”的原则，实施农业、工业、城镇生活等全方位节水，从而有效限制并逐步压减超采区地下水开采量。水源置换主要是通过实施雨洪水资源利用、引调水、非常规水利用等工程，对各类水资源进行统筹调度与优化配置，置换超采区地下水水源。修复补源主要通过实施湿地、坑塘、河道拦蓄、地下水回灌补源工程建设，增加地下水补给量，使地下水位得到回升，改善地下水生态环境。

3.5.3.2 加大水污染防治力度

以总氮、总磷、氟化物、全盐量等影响水环境质量全面达标的污染物为重点，实施工业污染源全面达标排放计划，确保重点工业企业实现全面稳定达标排放。积极实施人工湿地等水质净化工程，改善水环境质量。加快城镇污水处理设施建设与改造，按照“城边接管、就近联建、鼓励独建”原则，合理布局建制镇污水处理设施，全面加强城镇污水管网改造和配套建设。加强地下水污染防治，严禁向地下排放污水。抓好农业面源污染治理，合理规划布局畜禽养殖业发展，科学划定畜禽养殖禁养区、限养区和适养区，开展禁养区内畜禽养殖场（户）关闭搬迁“回头看”，确保禁养区内畜禽养殖不反弹、不复养。实施规模化畜禽养殖污染治理，不断提高废弃物资源化利用率；推广低毒、低残留农药使用补助试点经验，开展农作物病虫害绿色防控和统防统治；实行测土配方施肥，推广精准施肥技术；调整优化种植业结构布局，大力发展生态农业、循环农业，重点实施秸秆生物反应堆、秸秆青贮氨化等秸秆综合利用项目。实施农村清洁示范工程，解决好农村生活污水、人畜粪便、生活垃圾、生产废弃物等造成的污染问题。

3.5.3.3 加大河湖生态治理力度

加大全面实行河长制、湖长制力度。深入落实省委办公厅、省政府办公厅《山东省全面推行河长制工作实施方案》，在全市范围内建立健全以党政领导负责制为核心的责任体系，建立市、县、乡、村四级河长组织体系，逐河落实河湖管理和维护主体，明确管护责任、管护人员和管护经费，深入推进落实河湖水资源保护、水域岸线管理保护、水污染防治、水环境治理、水生态修复、执法监管六大任务，逐步构建主体到位、职能清晰、体制顺畅、责任明确、经费落实、运行规范的河湖管理体制和运行机制，逐步形成监督到位、考核严格、保护有力、社会参与的河湖管理保护局面，推动实现“秀美河湖、生态泰安”的河湖长制建设总目标。

统筹考虑水灾害、水生态等问题，推进江河湖库水系综合整治，综合运用清淤疏浚、截污治污、生态修复、调水引流、控制开发等措施，注重河道生态护岸，避免河道裁弯取直，保持河道蜿蜒性、连续性和断面多样性的自然形态，打造生态河道。加强河道拦蓄、水系连通、生态修复、库河调度，选择部分河道开展生态流量（水位）试点，统筹考虑生态用水，改善生态环境。适应社会主义新农村建设要求，以“河畅水清、岸绿景美、功能健全、人水和谐”为目标，推动实施农村小河道、小河沟、小塘坝、小湖泊清淤疏浚、植被修复、岸坡整治和河渠连通，建设生态河塘，完善灌排体系，提高农村地区水资源调配、水质改善、防灾减灾和河湖保护能力，改善农村生产、生活和生态环境。实施“清河行动”，坚决查处乱占乱建、乱围乱堵、乱采乱挖、乱倒乱排等破坏河湖水域岸线的违法行为，维护河湖管理秩序，为修复河湖生态环境、恢复广大人民群众休闲娱乐空间、促进生态文明建设提供有力支撑。

3.5.3.4 加大水土流失治理力度

强化水土保持预防监督，落实地方政府水土保持目标责任制、考核制度和水土保持“三同时”制度，依法划定水土流失重点预防区和重点治理区，依法严格实施水土保持方案审批，完善水土保持生态补偿制度，从严控制开发建设活动，严控水土资源流失。坚持规划引领，主动整合农业综合开发、土地综合整治、国土绿化等项目，坚持水源涵养、水土拦蓄和生态防护并重，“山水林田路村”综合治理，建设生态清洁流域、生态景观流域、生态经济流域、生态安全流域，进一步增强蓄水保土能力，改善农业生产生活条件和生态环境，打造泰安秀美河川，为建设经济繁荣、设施完善、环境优美、文明和谐的社会主义新农村提供有力支撑。

3.5.3.5 加大湿地保护与修复力度

对重要湿地，通过设立湿地自然保护区、湿地公园、水产种质资源保护区、水源地保护区等形式加以保护。通过污染清理、土地整治、地形地貌修复、植被恢复、野生动物栖息地恢复、湿地有害生物防治等措施，重建或者修复已退化的湿地生态系统，恢复湿地生态功能。对湖泊湿地，通过拆除围网，加大水草种植力度，恢复湖泊湿地生境；对河流湿地，要积极实施水系连通工程，维护河流自然岸线，防止滥占河滩等破坏行为。对河流交汇处、入湖口、重点污染防治河段等区域，以及农村生活污水集中区域，在不影响防洪的前提下，建设必要的人工湿地，改善城市水生态环境和居住环境。

3.5.4 防御——强化水灾害防御，建立灾损可控的防洪体系

按照“上拦中滞下排”的思路，加强防洪减灾工程建设，加快

构建以水库、河道和蓄滞洪区为架构的防洪减灾工程体系。

3.5.4.1 强化区域防洪工程建设

进一步健全市、县、乡镇、村组四级防御组织体系，充分发挥山洪灾害监测预警系统和群测群防体系作用，加强山洪灾害预警信息发布，做好危险区域人员转移避险工作。继续完善以山洪灾害监测预警系统非工程措施为主，结合水库除险加固、中小河流治理、山洪沟防洪治理等工程防范措施的山洪灾害防灾减灾体系。重点抓好全市已建山洪灾害防治非工程措施巩固提升工程。

3.5.4.2 强化河道、病险水库、水闸除险加固工程建设

坚持因地制宜，采取加高加固和新建堤防、河道疏浚、河势控制、护岸护坡、堤顶防汛道路建设等各种措施，突出重点河段、重点区域，推动实施河道防洪治理。

加强水库水闸运行观测，对存在安全隐患的病险水库水闸，及时开展安全鉴定，科学组织论证，确有必要的尽快实施除险加固，不具备条件的予以废弃。

3.5.4.3 积极实施库区移民扶持项目

解决库区和移民安置区长远发展问题，从水库移民避险解困工作着手，加快特困移民脱贫致富奔小康的步伐；以改善移民生产生活条件为重点，大力开展移民美丽家园建设；以促进移民增收为目的，采取多种措施增加移民收入，使移民收入水平总体达到当地农村居民的平均水平，确保水库移民同步实现全面建成小康社会的目标。

3.5.4.4 强化防洪减灾应急管理

加强现代化防汛抗旱组织指挥体系建设，由市县逐步延伸到所有乡镇和重点水利工程。严格落实防汛抗旱行政首长负责制、安全

度汛责任制、防汛抗旱督查及考核、责任追究制度。加强防汛抗旱应急能力建设，完善防汛抗旱物资储备、专业队伍、培训、演练等防灾减灾体系建设。加强防汛抗旱服务设施建设与设备配置，提升防汛抗旱管理能力。

3.5.5 保障——深化水管理改革，实现治水兴水能力现代化

3.5.5.1 加强水利法治建设

坚持依法治水，坚持立改废释相结合，积极协调推进重点领域立法，健全完善地方性水法规体系，依法为水利改革发展保驾护航。坚持依法科学民主决策，建立水利重大决策责任追究制度和责任倒查机制。推进政务公开，加大经费预决算、项目安排、水资源配置、水利工程建设等领域的信息公开力度，推进决策、执行、管理、服务、结果全公开。建立健全执法全过程记录制度、重大执法决定法制审核制度、行政执法公示制度，认真落实水政执法巡查、重大案件挂牌督办等制度，坚持开展专项执法检查和集中整治行动，严厉打击各种水事违法行为。强化水利与公安、国土、环保、住建等部门的联动执法。建立健全水事纠纷调处责任制，完善属地为主、条块结合的水事纠纷调处工作机制，加强水事矛盾源头控制和定期排查，建立健全边界水事活动协商机制。加强水利法治宣传，切实增强全社会的水法治意识和水法治观念，为水利法治建设营造良好的社会氛围。

3.5.5.2 深化水管理制度建设

探索水资源高效管理机制，增强当地水、外调水等多种供水水源以及大汶河上下游水资源利用效能。按照省政府批准的年度水量调度计划，对黄河水、长江水实施取用水量统一调度、水价统一核算、取用水秩序统一维护以及跨区域调水水事纠纷协调等；大汶河水量配置按照“有效性、公平性、系统性、协调性、优先性”的原

则进行，统筹上下游、左右岸用水，既确保生活、生产用水，又保证生态基流。

深化水利工程建设机制改革，创新建管模式，积极推行水利工程代建制、设计施工总承包制，实行专业化、社会化、法人主体多元化建设管理。强化水利建设市场监管，推行水利工程电子招标，完善水利工程交易平台，建立健全水利建设市场信用体系。推行以奖代补、先建后补等建设新模式，支持农民合作社、家庭农场、专业大户、农业企业等新型经营主体投资建设农田水利设施，推动农田水利项目建设主体多元化。

深化水利工程管理机制改革。建立职能清晰、责任明确的管理体制，社会化、专业化的管护模式，制度健全、管护规范的运行机制，稳定可靠、使用高效的经费保障机制，奖惩分明、考核科学的管理监督机制。创新水利工程管理模式，在确保工程安全、公益属性和生态保护的前提下，通过政府购买公共服务等方式，将水利工程运行管理、维修养护、技术服务等水利公共服务，逐步交给市场和社会力量承担，推动水利公共服务承接主体和提供方式多元化。财政投资补助形成的小型农田水利和水土保持工程资产可由农户或农民用水合作组织持有及管护。

3.5.5.3 推进水权制度建设及水价改革

依法开展水资源使用权确权登记，形成归属清晰、权责明确的水资源资产产权制度。培育和规范水权交易市场，积极探索水权交易流转方式，允许通过水权交易满足新增合理用水需求，充分发挥市场在水资源开发、利用、配置、节约、保护中的作用，使水权水市场成为解决水问题、化解水矛盾、实现可持续利用的内生动力。社会资本投资建设水利工程的，可以优先获得新增水资源使用权，在保障农业用水和农民利益的前提下，建立健全工农业用水水权转换机制。按照山东省水利厅《关于加快推进水权水市场制度建设的意见》《山东省水权交易管理实施办法（暂行）》《关于加快水权水市场建设的意见》，配合省厅搭建水权交易省级管理服务平台，加快推进东平县水权水市场制度建设试点工作，积极探索可交易水权范围和类型、交易主体和期限、交易价格形成机制、交易平台运作规则，探索推行“一卡两价一平台”的农业水权交易模式，为全市加快水权水市场建设探索方法、积累经验。

建立健全反映市场供求、资源稀缺程度、生态环境损害成本和修复效益的水价形成机制，倒逼节约用水和水生态保护，促进水资源优化配置和跨流域调水工程长效管护。推进农业水价综合改革。全面落实《泰安市农业水价综合改革实施方案》，在完善农业节水工程体系、落实农田工程管护主体、创新农业用水管理方式的基础上，逐步建立反映水利工程运行维护成本的农业供水水价，通过水权确认、节奖超罚、财政补贴等措施，促进农业节水、减排、增产、增效。加快区域综合水价改革。建立统一水价制度，在科学分析供用水量的基础上，分地区、分行业制定统一水价。各地先启动试点，在探索路子、积累经验的基础上，逐步向所有多水源供水区覆盖，健全水资源有偿使用制度，积极推进水资源费改税。

3.5.5.4 推进流域水生态补偿机制建设

推动建立水生态环境保护建设区域协作机制和流域上下游不同区域生态补偿协商机制，探索水生态补偿机制实现方式及协商机制。制定和落实与水有关的生态环境保护收费制度，对矿产资源开发等涉水经济活动征收水生态补偿费用，用于已破坏的河湖生态系统及地下水治理修复。建立健全水土保持、建设项目占用水利设施和水域等补偿制度，建立对饮用水水源保护区及河、湖、库上游地区的补偿机制。

3.5.5.5 加强行业能力建及水利信息化建设

推进人才强市，大力引进、培养和选拔各类人才，不断培育壮大水利干部队伍和技术技能人才队伍，着力提升全市水利人才队伍整体素质。健全人才向基层流动、向艰苦地区和岗位流动、在水利一线创业的激励机制。

强化水安全科技支撑。全面贯彻创新发展理念，坚持需求导向，加强顶层设计，着力突破重大水利科技问题，加紧健全完善优化科技资金投向、促进科技资源整合、推动创新链条融合的体制机制，增强水利科技创新能力。集中财政资金开展公益性和关键共性技术研究。广泛应用信息化、智能化、绿色化技术和先进装备武装水利行业，引导和促进水利科技成果转化，推动水利管理能力现代化。

加强水利信息采集站网建设，加快构建覆盖大中小型河流、水库的雨水情监测站网，覆盖所有市县监测断面、城乡饮用水水源地、大中型水库和主要湖泊、主要水功能区、规模以上取水户及大型灌区的水资源监测站网，努力为防汛抗旱减灾和最严格的水资源管理提供技术支撑。加强水利信息传输处理站网建设，健全覆盖到县和重点水利工程的全市水利信息化骨干网络，完善水利数据中心，建立全市的水利信息共享平台，实现防洪减灾平台与水资源、水环境监测系统合网。加强综合型重点业务应用系统建设，建立防汛减灾监控管理、水资源管理、水利建设项目管理、水利工程工情管理四大智能系统，建设集多功能于一体的应急指挥平台和集监控、应急、调度、业务、人文等全方位、多角度的水利综合展示视图，完善水利电子政务系统，全面提高水利自动化、智能化和科学化管理水平。

3.5.5.6 多方位筹集资金

坚持政府主导，将水利作为公共财政投入的重点领域和基础设施建设的优先领域，进一步加大财政投入力度。坚持多渠道筹措落实水利建设资金，制定优惠政策，拓宽水利投资渠道；推动涉农资金整合，提高资金使用效率，加快建立政府为主导、社会共同参与的水利投入机制。充分发挥市场作用，鼓励金融机构加大对水利的信贷投入，积极采用政府和社会资本合作（PPP）的水利投资建设模式，鼓励和吸引社会资本参与水利工程建设。

第4章

泰安市土地环境保护研究

4.1 泰安市土地环境概况

泰安市土地面积77.62万公顷，人均占有土地0.15ha，为全省平均的80%，其中可利用土地67.2万公顷，占总面积的86.6%。

山地面积14.07万公顷，占全市土地面积的18.3%，集中分布在东北部，海拔集中在400～800m。五岳之首的东岳泰山位于泰安市域北部，拔地通天，雄伟壮观，横跨泰山区、岱岳区和肥城市，西与济南相接，向东延伸至济南市莱芜区，面积426km^2，主峰玉皇顶，为山东省内第一高峰，海拔1532.7m；徂徕山横卧于市中部高新区和新泰市结合部，主峰太平顶，海拔1028m；莲花山位于泰安市东部新泰市境内，北接济南市莱芜区，新泰市南部和宁阳县东部的低山丘陵。

丘陵面积31.64万顷，占全市土地面积的41.1%，主要分布在新泰市西南部、宁阳县东部、市郊区西北部、肥城盆地边缘及东平县北部，海拔为120～400m。

平原面积27.76万公顷，占全市土地面积的36.1%，多为河谷平原、冲积平原，主要分布在山麓及河流沿岸，多为河谷平原和山前冲、洪积冲平原，海拔为 60～120m。

洼地面积 3.43 万公顷，占全市土地面积的 4.5%，主要分布于东平县内“三湖”（东平湖、稻屯湖、州城湖）周围，洼地地面高程为 38～60m。湖泊集中在东平县境内，湖底高程 36m，拥有省内第二大淡水湖东平湖，该湖为“水泊梁山”的仅存水域，由一级湖和二级湖组成，其中一级湖水面 1.4 万公顷。

全市土壤类型多样，主要有棕壤、褐土、砂姜黑土、潮土、山地草甸型土和风沙土六大类，14 个亚类、34 个土属、64 个土种，其中棕壤、褐土为地带性土壤，是全市土壤组成的主要类型，而发育在沿河冲积物上的潮土仅占 7.5%。

4.2 泰安市土地利用现状

土地利用是指人类有目的地开发利用土地资源的一切活动，对于土地利用变化的分析，是希望通过长时间序列在相同空间范围内对特定类型或特定区域的土地使用情况变化进行分析，从而判断该区域或该类型土地变化的规律，进而分析人类生产生活和环境的变化对于土地利用的影响。

2018 年 8 月，国务院决定将第三次全国土地调查调整为第三次全国国土调查（以下简称“三调”），以 2019 年 12 月 31 日为标准时点汇总数据。“三调”全面采用 0.5m 分辨率的卫星遥感影像制作调查底图，广泛应用移动互联网、云计算、无人机等新技术，创新运用“互联网＋调查”机制，全流程严格实行质量管控，历时 3 年，1000 余名调查人员先后参与，汇集了 78.89 万个调查图斑数据，全面查清了全市国土利用状况。《第三次全国国土调查工作分类》以《土地利用现状分类》(GB/T 21010—2017) 为基础，一级类 13 个，二级类 55 个，此外还对部分二级地类细化了三级地类。

根据土地分类国家标准，泰安市的土地利用类别主要包括耕地、林地、草地、水域、建设用地、未利用地等一级类；水田、旱地、有林地、灌木林地、疏林地、其他林地等二级类。泰安市耕地主要以旱地和水田为主，旱地所占比例较高，主要农作物以玉米、小麦为主，同时也有部分以种植蔬菜为主的耕地，水资源保证和灌溉设施的水田，用以种植水稻、莲藕等水生农作物；泰安市北部泰山山脉、南部徂徕山区分布着大面积的林地，城区周边及耕地周围也分布着部分林地，林地主要指生长乔木、灌木、竹类以及沿海红树林地等林业用地，下含林地、灌木林地、疏林地、其他林地四个二级土地利用类型，没有沿海红树林地；泰安市的草地以低覆盖度草地为主，此类草地水分缺乏，草被稀疏，表层为土质，以生长草本植物为主，牧业利用条件差。泰安市有着天然形成的大汶河等河流，也有人工修筑而成的河道，既有天然形成的湖泊，也有人工修筑的水库、坑塘，湖泊、河流岸边还存在着一定面积的滩地。河渠、湖泊、水库、坑塘，共同构成了泰安市的水域。

泰安市的建设用地分为三大二级类：第一类是城镇用地，包括大、中、小城市及县镇以上建成区用地；第二类是农村居民点，指独立于城镇以外的农村居民点；第三类是其他建设用地，包括厂矿、大型工业区、盐场、采矿场等用地以及交通道路、机场及特殊用地。泰安市未利用地主要类型有沙地、沼泽地、裸土地、裸岩石质地。

泰安市“三调”形成了分析数据成果及数据库管理系统，丰富了自然资源“一张图”，实现了对各类空间数据的统一管理、空间分析、共享服务等。“三调”成果已应用于国土空间规划编制、耕地保护、自然资源资产清查、自然资源统一确权登记、自然保护地整合优化、国土空间生态修复、土地卫片执法等各项自然资源管理工作，以及水利、生态环境、住房与城乡建设、农业农村等多部门多领域。

“三调”结果表明，截至 2019 年年底，泰安市全市耕地 425.50 万亩，园地 103.78 万亩，林地 276.22 万亩，草地 13.89 万亩，湿地 1.10 万亩，城镇村及工矿用地 189.04 万亩，交通运输用地 33.34 万亩，水域及水利设施用地 83.33 万亩。主要地类数据如下。

① 耕地 283669.14ha(425.50 万亩)。其中，水田 251.09ha(0.38 万亩)，占 0.09%；水浇地 187802.62ha(281.70 万亩)，占 66.20%；旱地 95615.43ha(143.42 万亩)，占 33.71%。位于小于 2°坡度的耕地 189779.14ha(284.67 万亩)，占 66.90%；位于 2°～6°坡度（含 6°）的耕地 64118.13ha(96.18 万亩)，占 22.60%；位于 6°～15°坡度（含 15°）的耕地 28764.60ha(43.15 万亩)，占 10.14%；位于 15°～25°坡度（含 25°）的耕地 963.54ha(1.44 万亩)，占 0.34%；位于 25°以上坡度的耕地 43.73ha(0.06 万亩)，占 0.02%。

② 园地 69183.87ha(103.78 万亩)。其中，果园 61627.66ha(92.44 万亩)，占 89.08%；茶园 619.06ha(0.93 万亩)，占 0.89%；其他园地 6937.15ha(10.41 万亩)，占 10.03%。

③ 林地 184146.69ha(276.22 万亩)。其中，乔木林地 80759.54ha(121.14 万亩)，占 43.86%；竹林地 146.82ha(0.22 万亩)，占 0.08%；灌木林地 94.91ha(0.14 万亩)，占 0.05%；其他林地 103145.42ha(154.72 万亩)，占 56.01%。

④ 草地 9258.33ha(13.89 万亩)，都属于其他草地地类。

⑤ 湿地 733.4ha(1.10 万亩)。湿地是“三调”新增的一级地类，包括 7 个二级地类：红树林地、森林沼泽、灌丛沼泽、沼泽草地、沿海滩涂、内陆滩涂、沼泽地。泰安市只有内陆滩涂。

⑥ 城镇村及工矿用地 126026.35ha(189.04 万亩)。其中，城市用地 19056.33ha(28.59 万亩)，占 15.12%；建制镇用地 18626.15ha(27.94 万亩)，占 14.78%；村庄用地 81729.31ha(122.59 万亩)，占 64.85%；采矿用地 5212.19ha(7.82 万亩)，占 4.14%；风景名胜及特殊用地 1402.37ha(2.10 万亩)，占 1.11%。

⑦ 交通运输用地 22224.58ha(33.34 万亩)。其中，铁路用地 1462.83ha(2.19 万亩)，占 6.58%；公路用地 9727.65ha(14.59 万亩)，占 43.77%；农村道路用地 10998.27ha(16.51 万亩)，占 49.49%；港口码头用地 34.69ha(0.05 万亩)，占 0.16%。机场用

地 0.25ha；管道运输用地占 0.89ha。

⑧ 水域及水利设施用地 55554.47ha(83.33 万亩)。其中，河流水面 15076.38ha（22.61 万亩），占 27.14%；湖泊水面 14861.89ha(22.29 万亩)，占 26.75%；水库水面 7312.38ha(10.97 万亩)，占 13.16%；坑塘水面 10043.29ha(15.07 万亩)，占 18.08%；沟渠 5941.28ha(8.91 万亩)，占 10.69%；水工建筑用地 2319.25ha(3.48 万亩)，占 4.18%。

4.3 泰安市土地利用面临的问题

从“国土二调”至“国土三调”的 10 年间，我国建设用地总量增加了 26.5%，城镇、村庄用地总规模分别达到 1.55 亿亩和 3.29 亿亩，一些城镇、园区低效、闲置用地问题突出，村庄用地总量过大、布局不尽合理。此外，通过土地卫片执法、耕地保护督察等发现，违法违规占用耕地问题时有发生，耕地保护形势不容乐观。2015～2019 年四年间泰安全市耕地面积减少了 36499.85ha，平均每年减少 9125ha。而同期人口增加了 8.68 万人，平均每年增加 3.42 万人，人口与耕地的不协调发展使全市人均耕地由 0.07ha 下降到 0.06ha，人地矛盾日益突出，耕地保护压力大。全市采矿用地占土地总面积的 0.72%，布局分散，占地面积大，建设水平低，经济效益有待提高。废弃工矿对生态环境造成严重破坏，全市待复垦土地共计 96.27ha；全市中低产田所占面积大，约占耕地面积的 1/3；耕地中旱地面积占 33.70%。

李鹏等（2022 年）通过对泰安市遥感影像的获取、处理与分析，统计了泰安市 2013～2021 年期间的土地利用现状及发展变化趋势，发现 2013～2021 年间，泰安市建设用地平均每年增加 1500ha，建设用地的增加主要是城市的建筑用地，包括新兴楼盘、公共建设用地和工业建筑用地；林地有少量增加，主要是泰安山区所占面积较大，常年植树造林的结果；水域处于动态平衡中，总体变化不大。与此相对的，耕地每年约以0.6％的速度在减少，主要是由于建设用地和林地的增加造成的。

（1）耕地保护形势更加严峻

建设用地增速不断加快，占用耕地不可避免，而后备资源开发难度大，投资强度高，导致规划在实施过程中出现了耕地保护与用地需求相冲突的情况，不仅制约了规划作用的充分发挥，也导致耕地保护难度加大。

（2）建设用地供需矛盾突出，布局不尽合理

随着经济社会发展，特别是济泰高速、青兰高速泰安至莱芜段、养老服务、教育改扩建、棚户区改造等基础设施的开工落地，各项建设均需占用大量建设用地。另外，耕地保护和生态建设力度的加大，在土地供给有限的情况下，建设用地供需矛盾将更加突出，规划建设用地布局不尽合理，同时在建设用地结构上，部分乡镇农村居民点过多，分布较零散，空心村、闲置地和其他低效建设用地有待挖潜。

（3）统筹区域土地利用的任务更加艰巨，“调结构、转方式”的要求更加迫切

实现城乡统筹和区域协调发展，对调整区域土地利用提出了更高要求；市场经济的深入发展，国民经济结构的不断优化升级，也急需转变土地利用方式，优化土地利用结构；各行业、各区域土地利用目标的多元化，加大了调整和优化区域土地利用结构与布局的难度。

调结构、转方式是当前经济发展的首要任务。贯彻在土地利用规划中就是改变靠外延扩张的粗放土地利用模式为通过内涵发展节约集约用地模式，集约利用存量土地，提高单位面积土地的利用效益。创新土地利用模式，通过土地利用方式的根本转变促进城乡、区域协调可持续发展。

（4）土地生态建设和环境保护的任务更加艰巨

土地资源开发利用与生态环境保护的矛盾日益突出，保护和改

善土地生态环境的任务更加艰巨。根据《泰安市城市总体规划》的调整，市中心城区新增加大量公园绿地以优化生态环境，土地总体规划需优化土地布局，保护环境，建设用地增加必然挤占具有生态功能的农用地和未利用地，其直接结果是造成生态用地数量的减少；如何在发展的同时，保护好人们赖以生存的环境，做到土地利用与生态环境保护协调发展就变得更为迫切和更加重要。

4.4 泰安市耕地保护措施和成效

近年来，泰安市严格执行最严格的耕地保护制度，扎实推动耕地数量、质量、生态“三位一体”保护，认真落实耕地保护目标责任制，严格执行土地利用总体规划和土地利用年度计划，强化保护责任，实现了耕地数量有增加、质量有提升、生态有改善的目标。

4.4.1 坚守耕地红线，严格耕地质量评价

泰安市将依法用地、耕地保护等纳入全市经济社会发展综合考核内容，对耕地保护不力、违法用地较多的地区实行一票否决，纳入领导干部自然资源资产离任审计的重要内容，实行耕地保护党政同责，耕地得到有效保护。2018 年山东省政府下达泰安市耕地保有量任务为 542.7975 万亩，2018 年年底泰安市耕地保有量为 545.0278 万亩，超额完成目标任务。

泰安市建立了耕地质量等评价体系，制定了耕地质量调查评价年度更新制度，保证了耕地质量评价的现势性。同时，加强耕地质量监测保护体系建设，科学布设耕地质量调查点位，分区建立评价指标体系，按年度开展全域耕地质量主要现状调查与数据更新工作。经自然资源部核实验收，2017 年泰安市耕地质量利用等别为 8.49 等，2018 年耕地质量利用等别为 8.48 等，提升 0.01 个等别，耕地质量得到提升。

4.4.2 建立耕地保护奖励激励补偿机制

泰安市建立耕地保护激励机制，每年拿出一部分新增建设用地土地有偿使用费。对耕地保护工作成效突出的县（市、区）及功能区给予资金奖励。严格耕地保护责任目标考核，将耕地保护制度落实情况纳入高质量发展综合绩效考核，考核结果作为粮食安全责任制考核、领导干部问责和领导干部自然资源资产离任审计的重要依据，对耕地保护和执法监管工作不力的依法追责问责。

4.4.3 健全全方位“田长制”耕地保护管理体系

泰安市健全耕地保护长效机制，在全国率先探索实行“田长制”管理，泰安市政府下发了《关于实行国土资源田长制管理的通知》，实行市、县、乡、村四级和永久基本农田保护“4＋1”田长制管理。全市明确各级田长 10588 人。夯实各级政府主体责任，形成了资源共管、责任共担的工作格局。明确各级田长在进行耕地保护和执法监管时的工作职责。强化田长管理考核，细化考核内容、考核步骤、考核标准、考核方式，严格奖惩。考核采取自查与抽查、日常考核与年终考核相结合的方式进行。对辖区内耕地保护和执法监管成效突出，考核为优秀等次的县、乡级田长及单位给予通报表扬，在安排相关指标、项目时，给予相应倾斜，对考核不合格的田长予以通报批评。

4.4.4 探索多样化土地整治投资模式

一是社会资本投资。按照“谁投资、谁受益”原则，探索建立民间资本参与土地整治的政策和利益分配等机制，有效解决项目资金短缺的问题，使项目顺利实施。

二是政府平台投资。借助城投平台，使用社会资金，共策划实施 48 个项目，建设总规模 6854ha，计划新增耕地 1662ha，预算总投资 43213 万元。

三是政府投资。共实施项目190个，建设规模11799ha，计划新增耕地2035ha，预算总投资92932万元。其中高标准基本农田项目8个，建设规模3682ha，计划新增耕地73ha，预算总投资6280万元。占补平衡项目85个，建设规模7474ha，计划新增耕地1602ha，预算总投资53448万元。工矿废弃地项目80个，建设规模297ha，计划新增耕地261ha，预算总投资17647万元。增减挂钩项目17个，建设规模346ha，计划新增耕地99ha，预算总投资15556万元。

4.4.5 强化耕地保护执法联动

完善自然资源遥感监测“一张图”和综合监管平台，进一步扩大全天候遥感监测范围，对永久基本农田实行动态监测，加强对土地整治过程中的生态环境保护，强化耕地保护全流程监管。健全土地执法联动协作机制，不断健全完善市、县、乡、村四级立体动态巡查体系，着力构建“巡查、发现、制止、报告、查处”五位一体的执法监察工作机制。把四级网格执法责任落实到人、到村。推动执法监管由“事后查处”向“事前防范”转变，构建起四级责任明确、监管有力、协调高效的执法巡查新机制。维护泰安市良好的土地管理秩序。

4.5 泰安市土地污染现状及治理措施

根据《泰安市2020年度环境质量状况公报》，泰安市国家土壤环境监测网（以下简称“国家网”）的10个风险点中，2个点位属于尚清洁（警戒线）等级，其余8个监测点位属于清洁（安全）等级。10个土壤监测点位无机监测指标中铜的分担率最大，汞的分担率最小；有机监测指标中双对氯苯基三氯乙烷（DDT）总量的分担率最大，六氯环己烷总量的分担率最小。

为了解泰安市城区土壤重金属污染特征，孟令华等（2022年）

对采集的泰安城区30件土壤样品中6种重金属含量进行测定，利用单因子污染指数法、内梅罗综合污染指数法、地累积指数法和潜在生态风险指数法开展污染状况评价。结果表明：土壤中砷（As）镉（Cd）、铜（Cu）、铅（Pb）、汞（Hg）、镍（Ni）的平均含量分别为6.72mg/kg、0.066mg/kg、20.33mg/kg、18.19mg/kg、0.031mg/kg和19.92mg/kg，其中As、Cd、Cu、Pb、Ni的平均含量均低于泰安市和山东省土壤背景值，Hg的平均含量略高于泰安市土壤背景值，变异系数大于0.6，其含量受人类活动影响较大，空间分布差异性较大；除Hg的单因子污染指数为1.03外，严重污染、中度污染、轻微污染和无污染采样点数量占比分别为3%、7%、23%和67%，其他重金属单因子污染指数平均值小于1，为无污染状态；重金属内梅罗综合污染指数平均为1.58～1.64，整体属于轻污染水平；土壤重金属累积较轻，多数为无污染状态，Hg的最大的累积指数为1.29，达中度污染（2级）；综合生态风险指数（RI）的范围为39.96～191.81，平均值为77.60，综合生态风险等级为轻微，为低生态风险区，Hg为引起风险的主要因子；Cu、Ni含量较低，富集主要受土壤母质和自然过程的控制；Pb、Cd、As主要来源于自然背景因素，部分受人类活动影响；Hg的污染来源于化肥、塑料地膜和含重金属的无机农药使用，受农业活动和居民生活影响较大。

近年来，泰安市为探索建立“源头预防、修复治理、风险防控、机制保障、能力建设”的五位一体土壤污染防控体系，全链条闭环管控，全方位排查整治，坚决守牢土壤环境安全底线，总结形成具有全市地域特色的受污染土壤安全利用和风险管控模式及管理机制，逐步形成土壤防治的“泰安模式”，争创省级土壤污染防治“先行区”。

4.5.1 强化源头监管，预防土壤污染

泰安市聚焦解决耕地污染源头问题，以土壤重金属问题突出区

域为重点，组织各县、市、区持续开展涉重金属重点行业企业污染源排查整治，实施农用地土壤Cd等重金属污染源头防治行动，分阶段、分类别实施整治，严格管控耕地土壤污染源，切断污染物进入农田的链条。2022年泰安市实施重金属减排项目2个，超额完成“十四五”期间的重金属减排任务。

泰安市积极组织申报土壤污染源头管控项目，引导在产企业实施管道化、密闭化改造，重点区域防腐防渗改造，以及物料、污水管线架空建设等指标改造项目和历史遗留废渣整治项目，切实加强土壤污染源头防控。

4.5.2 严格建设用地准入管理，保障重点建设用地安全

持续推进泰安市土壤环境治理体系和治理能力提升，会同自然资源和规划、行政审批、工信等部门联合印发《关于加强全市建设用地安全利用管理工作的通知》，规范土壤污染状况调查报告评审程序，落实部门监管职责。突出重点区域、重点行业，开展污染地块修复治理工程，保障土壤安全利用。泰安市强化重点建设用地监管，2022年度共评审、复核土壤污染状况调查报告130个，对评审过程中发现的违规开发利用地块下发预警提示函5次，发放建设工程规划许可证的65个地块全部实现安全利用，重点建设用地安全利用率持续保持100%。

土壤污染重点监管单位是在产企业管理的重中之重。泰安市定期建立公布年度土壤污染重点监管单位清单，制定下发《泰安市土壤污染重点监管单位土壤环境监督管理工作指南》，明确土壤污染重点监管单位年度工作任务及工作开展要求，督促企业严格履行《土壤污染防治法》的责任和义务，有序开展年度自行监测、土壤污染隐患排查、有毒有害物质报告。同时，对重点监管企业和工业园区周边开展监督性监测，切实保障建设用地土壤环境质量。

自2017年，泰安市生态环境局按照“应纳尽纳”的原则，动态更新完善重点监管单位名录，土壤污染重点监管单位从17家增

加到61家，均已全面建立土壤环境重点监管单位动态更新、治理、销号的常态化监管机制。通过“月调度、月通报”，督促企业全面完成自行监测、隐患排查等8项年度重点工作任务。2021年，为进一步规范泰安市建设用地土壤污染风险管控和修复工作，结合建设用地土壤污染风险管控和修复报告质量复核情况，泰安市生态环境局下发了《关于进一步做好建设用地土壤污染风险管控和修复工作的通知》，并制定了《泰安市建设用地土壤污染状况风险管控和修复项目质量监督抽查抽测技术规定（试行）》。

2022年，泰安市生态环境局还按照省厅相关工作部署，印发了《关于进一步加强全市土壤污染重点监管单位监管工作的通知》，组织各县市区对2021年已完成隐患排查的土壤污染重点监管单位开展“回头看”，切实防范新增土壤污染。

4.5.3 整合污染防治力量，明确土壤问题

充分发挥山东农业大学等科研院所技术人才优势，引导山东迈科珍生物科技有限公司、山东农大肥业科技有限公司、山东宝来利来生物工程股份有限公司等相关企业参与全市土壤污染修复试点工作，打造一批土壤修复试点工程，吸引更多社会资本参与污染地块安全利用再开发工作，形成污染地块安全利用良性循环，确保污染地块完成修复及效果评估，污染地块安全利用率持续保持在100%。

2022年泰安市开展重点行业企业用地土壤污染状况调查评估，对全市258个地块开展基础信息采集工作并开展风险筛查纠偏，对43个高关注度地块开展初步采样地块。泰安市生态环境局会同各分局对18个初调超标的建设用地逐一把脉问诊，对症下药，全面启动10个地块的详细调查和风险评估工作，一批常年悬而未决的潜在土壤污染风险隐患得到有效解决。对全市25个疑似污染地块开展污染状况调查，摸清全市建设用地环境安全指数，完善土壤环境监测网络，为实施建设用地准入管理、防范人居环境风险打下坚实基础。

4.5.4 落实分类管理，创建风险管控

探索制定全市土壤环境风险管控技术导则，包括地块风险等级确定、分类管控措施、成效评估、成效监控等环节，总结形成具有泰安市地域特色的受污染土壤安全利用和风险管控模式及管理机制。

为保障土壤环境安全，泰安市生态环境局会同自然资源和规划、工信、行政审批等部门多次召开建设用地安全利用管理工作会议，出台制度文件规范地块安全利用管理机制，实现耕地分类、土壤调查、土地储备、工程证发放等部门信息的互联互通。建立土壤污染状况调查报告“县级形式审查-市级技术初审-专家组终审”三级评审制度，明确细化了各级生态环境部门、自然资源和规划部门审核条目要点，实现调查报告和评审材料的“点对点”归口、菜单式归档，建立了“联动监管、联合评审、信息共享”的土壤污染防治大格局。

4.5.5 组织国家级修复试点，打造土壤污染防治先行区

出台《泰安市创建国家土壤污染防治试点城市工作方案》，明确了全市土壤污染防治工作的重点任务、工作目标，明确整合土壤污染防治力量、开展土壤状况摸底排查、落实用地分类管理、开展修复试点等六项主要任务，通过成立工作领导小组、引导社会资本等六项保障措施保障试点工作顺利开展。

将山东晋煤明升达化工有限公司退城进园土壤污染修复治理项目纳入国家修复试点项目，总投入达 1.23 亿元，争取中央和省级专项资金 2500 万元，修复土壤量 13157m^3，修复效果评估通过省级评审验收，为下一步全市污染地块修复治理工作全面开展打下坚实基础。投资 500 万元选取关闭搬迁的焦化企业作为试点地块开展样板修复项目，在完成土壤污染状况调查、风险评估的基础上，探索焦化厂多环芳烃污染土壤生物修复技术模式。

第5章 泰安市生物多样性环境保护研究

5.1 生物多样性概念及其分类

生物多样性是生物（包括动物、植物、微生物等）与环境形成的生态复合体，以及与它们相关的各种生态过程的总和，生物多样性是地球上生物进化的结果，是人类赖以生存的基础。1992 年 6 月在巴西召开了联合国环境与发展大会，为保护全球的生物多样性，153 个国家签署了《保护生物多样性公约》。1994 年 12 月，联合国大会为了提高人们对保护生物多样性重要性的认识，将每年的 12 月 29 日定为“国际生物多样性日”，2001 年改为 5 月 22 日。生物多样性是人类可持续发展的物质基础，在自然环境、经济社会等方面具有不可替代的作用，加强生物多样性的保护，对促进经济社会持续发展、维护生态安全和生态平衡、改善人居环境等都具有重要意义。中国、印度、澳大利亚、马来西亚、印度尼西亚、墨西哥、巴西、哥伦比亚、厄瓜多尔、秘鲁、扎伊尔、马达加斯加，是地球上 12 个“巨大生物多样性国家”。

生物多样性分为生物物种多样性、遗传多样性和生态多样性。

生物物种多样性是指一定区域内生物种类（包括动物、植物、微生物等）的丰富性。物种多样性是衡量一定地区生物资源丰富程度的一个客观指标，阐述一个地区生物多样性，最常用的指标是区域物种多样性。区域物种多样性的测量包括：①物种总数，指特定区域内所拥有的物种数目；②物种密度，指单位面积内的特定类群的物种数目；③特有种比例，指一定区域内特定类群特有种占该地区物种总数比例。

遗传多样性是指区域内生物所携带的各种遗传信息的总和。任何一个物种或一个生物个体都保存着大量的遗传基因，不同物种之间基因组成差别很大，生物的性状是由基因决定的，生物的性状千差万别，表明组成生物的基因也成千上万，每个物种都是一个独特的基因库，基因的多样性决定了生物种类的多样性。

生物种类多样性组成了不同的生态系统，生态系统的多样性主要是区域内生态系统组成、功能的多样性，以及各种生态过程的多样性，即生物群落和它们生态过程的多样性。还有生态系统的环境差异、生态过程变化的多样性，是指生物所生存的生态环境类型的多样性等，包括生境的多样性、生物群落和生态过程的多样化等多个方面。

5.2 泰安市生物多样性保护历程

泰安市自古以来就注重保护树木，泰安市保护树木的历史应从泰山谈起。古代帝王到泰山封禅，就用蒲草包裹车轮，怕伤了山上的土石草木。公元前 219 年，秦始皇登封泰山曾下令不要砍伐草木。因在大松树下避暴风雨，封大松树为“五大夫松”，成为历史佳话。从公元前 110 年起，汉武帝曾八次到泰山封禅，在泰山及周围先后种植了一千多株柏树，从此泰山开始人工植树。公元 725 年，唐玄宗封禅泰山下旨近山十里禁止砍柴，种植当时最珍贵的树种国槐留作纪念。公元 1008 年，宋真宗下诏泰山四面七里和社首山以及徂徕山禁止砍柴，泰山登山道中树当道者不要砍伐。公元1166年，金世宗诏令天下山泽赐给贫民，砍柴，取木材。唯灵岩同五岳留护灵脉，不在赏赐之列，采伐者仍然治罪。金代章宗时山东多盗，潜匿泰山岩石洞穴中；按察司请砍除林木，统军使说岱宗王者受命封禅的地方，国家虽不封禅，山也不能破坏，泰山树木免遭于难。金天眷年间，寺僧不但种植松柏等常青树，还种植具有经济、食用价值的栗子树等。

公元1264年，泰山道士创建南天门，整修泰山庙观，补栽树木，广种杏桃。公元1292年，泰安州县下令禁止污染王母池的水源，防止对树木生长造成危害。明代延续了植树的历史，泰山斗母宫门外一株名叫“卧龙槐”的国槐，距今已300年许，为明朝嘉靖年间所植。清康熙八年至十七年（1669～1678年）山东布政使司修缮岱庙时植树646株，采用多种树种。康熙十七年《重修岱庙履历记事》碑记（岱庙）午门内栽大松八十五株，国槐二十二株，杨树四十株，银杏树二株。仁安门前栽柏树五十三株，国槐十二株。大殿左右，栽柏树五十五株，松树四株，银杏树二株，杨树五株，国槐九株。后寝宫栽柏树三十一株，杨树十八株，银杏树二株，国槐二株。寝宫后栽树三百多株。嘉庆元年至三年，山东按察使康基田及泰安知府金棨等16位官员连续多次在泰山植树，共植柏树22000余株。

清末后期到民国百余年间，由于战乱和灾荒，政府管理不善，社会饥荒，民众为了生存活命，不但满山树木被砍尽，连草根都被挖出充饥，泰山植被遭到严重破坏。除了庙宇附近和后山等残存了不足3000亩古树外，其他地方几乎都成了秃山。

1948年3月，泰山专署颁布了《关于森林树株保护的布告》，要求爱护现有树株，奖励封山造林。同年9月建立泰山林场。20世纪50年代，林场工人风餐露宿，开展了泰山历史上最大规模的植树造林活动，历时近十年，使得泰山重披绿装。

1983年经国务院批准泰山被列入国家重点风景名胜区，1987年12月11日联合国教育、科学及文化组织世界遗产委员会第11

届全体会议正式接纳泰山为自然文化遗产。

1998年世界遗产委员会主席团第11次常务委员会考察组对泰山提出“缺乏生物多样性的资料”和“没有生物多样性的监测项目”意见。

2000年制定和实施了《泰山风景名胜区保护管理条例》，加强了泰山生物资源的保护管理力度，泰山管理部门在森林病虫害防治、古树名木的保护、森林防火等方面做了大量的工作，为生物多样性的研究做好了准备。

2002年起，泰安市开始对泰山生物多样性进行系统的研究，经不完全统计，泰安市范围内现有植物总计1600多种，其中，以泰山生物多样性最好，泰山种子植物120科、532属、1012种、89变种、12亚种、9变形；裸子植物5科、17属、43种、1变种；蕨类植物13科、19属、38种、2变种；苔藓植物41科、94属、242种、5变种、3亚种；此外还有少量珍稀、濒危动物以及一些古树、名木、花卉等。农作物分属32科、91种、240个推广品种，包括粮食、经济作物和蔬菜三大类。林果有木本植物71科、471种（变种）。经济树种主要有苹果、梨、桃、板栗、核桃等30余种。观赏性树种有40余种，主要有雪松、园柏、银杏等。此外，还有珍稀树木11种；名木16种共884株，主要有汉柏、唐槐、六朝松等。有荒山荒坡草丛草场、山丘疏林草丛草场、平原沙滩荒漠草甸草场、湖洼沼泽草场四大类天然草场6.33万公顷，另外还有各类附属草场15.59万公顷。中药材分属110科、488种，名贵中药材有泰山灵芝、何首乌、紫草、四叶参、黄精和汶河的九草香附等。其中，何首乌、四叶参、紫草、黄精为泰山四大名药。现在，泰山森林覆盖率95.8%，植被覆盖率97%，是全国暖温带生物多样性最丰富的地区之一。百年以上树龄的古树名木18195株，分属27科、45种，其中，23株列入世界遗产名录，成为全人类的共同遗产。

2002～2011年，经过10年研究，完成“泰山生物多样性现状和保护对策研究”，获得山东省软科学一等奖，2013年12月出版

《泰山生物多样性》书籍。

2015年3月，泰安汶河国家湿地公园、肥城康王河国家湿地公园获批国家级湿地公园。2015年11月，全国绿化委员会、国家林业局正式授予泰安市“国家森林城市”称号。同年11月，《泰安市绿道规划（2015～2030年）》通过审批。

2016年3月，泰山成为全国生物多样性调查（鸟类）观测区，初定第一阶段30年。2016年全国生物多样性调查（鸟类）泰山观测区繁殖鸟类观察，共记录14目、37科、75种、1613只，其中留鸟33种，夏候鸟35种，旅鸟5种，冬候鸟2种。

2016年10月泰安市编制完成《泰安市生态红线划定工作方案》，明确划定泰安市生态红线保护区21处，其中生物多样性生态保护区10处，水源涵养生态区11个，总面积为812.72km^2，占泰安市土地面积的10.47%，保护区划分为一级和二级管控区，其中一级管控区为90.09km^2，占全市土地面积的1.16%，严禁一切形式的开发建设活动。二级管控区内将实施严格的生态保护制度，严禁大规模、高强度的工业化和城镇化开发。

2017年8月，全国生物多样性监测项目泰山样区繁殖鸟类观测工作顺利完成，野外调查观测到野生鸟类15目、36科、76种共1817只，其中国家二级保护鸟类5种，泰山鸟类新纪录6种，山东省鸟类新纪录2种。泰山及周边野生鸟类已增至312种。

2017年8月，国务院原则同意《泰安市城市总体规划（2011～2020年）（2017年修订）》，为泰安生态园林城市的建设做好了准备。

2017年8月泰安市十七届人大常委会第四次会议审议了《泰山生态保护条例（草案）》，这是泰安市获得立法权后制定的第一部实体性的法规，旨在加强泰山生态环境保护，科学利用泰山资源，推进生态文明建设，实现经济社会可持续发展。《泰山生态保护条例（草案）》涉及景区林木、动植物、水资源等生态环境保护，明确了泰山景区管委会应当对古树名木定期进行普查、检测，登记造册，建立保护档案的职责；对列入世界遗产名录的唐槐、汉柏、迎客松等特别珍稀的古树名木，提出了定期检测，实行一树一策、一树一档的保护措施；明确了对树势较弱的古树名木及时进行专家会诊，通过扩穴、支撑、吊拉等措施进行复壮的补救措施。关于赤鳞（螭霖）鱼保护，《泰山生态保护条例（草案）》规定严禁任何单位和个人擅自捕捉杀害、驯养繁殖、出售收购、运输携带野生赤鳞（螭霖）鱼；养殖、繁育泰山赤鳞（螭霖）鱼应当按照国家法律法规规定的审批程序进行。

5.3 泰安市生物多样性现状

5.3.1 森林公园和自然保护区生物资源

泰安市森林公园总数达到28处，自然保护区3处，总面积达56000ha，其中，国家级森林公园为：泰山国家级森林公园（泰安市城北）、徂徕山国家级森林公园（泰安市岱岳区）、腊山国家级森林公园（泰安市东平县）、牛山国家级森林公园（泰安市肥城市）、莲花山国家级森林公园（泰安市新泰市）。山东省省级森林公园为：新汶森林公园（泰安市新泰市）、神童山森林公园（泰安市宁阳）。泰安市市级森林公园为：太平山市级森林公园（泰安市新泰市）、谷山市级森林公园（泰安市岱岳区）、青云山市级森林公园（泰安市新泰市）、墨石山市级森林公园（泰安市新泰市）、白马寺市级森林公园（泰安市新泰市）、和圣园市级森林公园（泰安市新泰市）、云蒙山市级森林公园（泰安市肥城市）、金彩山市级森林公园（泰安市宁阳县）。泰安市县级森林公园为：金斗山森林公园（泰安市新泰市）、花峪森林公园（泰安市新泰市）、朝阳洞森林公园（泰安市新泰市）、凤凰山森林公园（泰安市宁阳县）、羊流森林公园（泰安市新泰市）、天宝森林公园（泰安市高新区）、土门森林公园（泰安市泰山区）、法云山森林公园（泰安市新泰市）、羊蹄山森林公园（泰安市新泰市）、玉皇山森林公园（泰安市肥城市）、关山森林公园、白佛山森林公园（泰安市东平县）、黄石悬崖森林公园（泰安市东平县）、泰安汶河国家湿地公园（泰安市岱岳区）、肥城康王河国家湿地公园（泰安市肥城市）。自然保护区：泰山省级自然保护区、徂徕山省级自然保护区、太平山省级自然保护区。

（1）泰山森林公园生物资源

泰山国家森林公园现有植物总计1600多种（含栽培植物322种，但不含不能自然越冬的温室栽培种类），其中，低等植物446种；苔藓植物38科、105属、210种；蕨类植物14科、21属、38种、2变种；种子植物139科、656属、1253种、89变种、12亚种、9变形，其中隶属于被子植物131科、638属、1212种、88变种、12亚种、9变形，裸子植物8科、18属、52种。

（2）徂徕山森林公园生物资源

对于徂徕山国家森林公园，据徂徕山林场和有关大专院校的资料，结合实地调查，林场主要高等植物共计163科、560属、1117种（含75变种、8亚种、14变型）。其中苔藓植物28科、54属、88种（含3变种、1亚种）；维管植物135科、506属、1029种（含72变种、7亚种、14变型）。无论是总数还是种子植物，都占全省较高的比例，植物丰富度高，表明植物种类丰富。

（3）莲花山国家森林公园生物资源

新泰莲花山森林覆盖率已达90.1%，动植物种类繁多，有苔藓、蕨类和种子植物115科，近400种；有鸟类22目、47科、182种；果子狸、金线蛙等各种兽类、爬行动物、两栖动物30余种。

（4）牛山国家森林公园生物资源

肥城牛山国家森林公园位于泰山山脉西部肥城市境内，公园内森林覆盖率93%。景区内有各类植物700多种、动物150多种。

（5）腊山国家森林公园生物资源

东平县腊山国家森林公园森林覆盖率81.9%，现有维管植物114科、379属、679种。其中被子植物99科、358属、648种，裸子植物4科、8属、16种，蕨类植物11科、13属、15种；动物

616种，其中兽类18种，鸟类186种，爬行类8种，两栖类6种，昆虫共记录398种。

（6）太平山省级自然保护区生物资源

太平山省级自然保护区有野生植物107科、675种（含39变种、3变型、4亚种），野大豆和中华结缕草为国家二级重点保护植物。有野生动物200科、928种，其中兽类12科、23种，鸟类40科、155种，爬行类4科、12种，两栖类3科、6种，鱼类10科、33种，昆虫131科、699种。

泰安市森林公园都有丰富的生物资源，只有泰山森林公园的生物多样性具有《泰山生物多样性》详细的资料支撑，其他森林公园还需要详细的生物多样性资料支撑。

5.3.2 泰安市河流、湖泊、湿地公园生物资源

泰安市拥有泰安汶河国家湿地公园（泰安市）、东平湖国家湿地公园（泰安市东平县）、肥城康王河国家湿地公园（泰安市肥城市）、青云湖省级湿地公园（泰安市新泰市）、宁阳县大汶河省级湿地公园（泰安市宁阳县）、东平湖洪水调蓄养省级生态功能自然保护区（泰安市东平县）、东平湖省级湿地公园（泰安市东平县）、泰安市市级湿地公园——大汶口市级湿地公园（泰安市岱岳区）、泰安市县级湿地公园——天颐湖区级湿地公园（泰安市岱岳区）、金斗水库市级湿地公园（泰安市新泰市）、光明水库市级湿地公园（泰安市肥城市）、上庄炉水库市级湿地公园（泰安市肥城市）、海子河县级湿地公园（泰安市宁阳县）。

（1）汶河湿地公园生物资源

汶河流域拥有宽阔的水面、繁茂的湿地植被及栖息的众多鸟类，大汶河生态湿地现有水生动、植物有100多种，其中鱼类10多种，鸟类50多种，包括水鸟20多种，国家二级保护鸟类10多种，汶河岸边植被主要为耐水植物，以兼具生态、经济、景观效益的竹柳、垂柳等经济林为主。近岸水际植被主要为挺水植物，主要

为芦苇、香蒲、菖蒲、水芹等类，以芦苇和香蒲为先锋物种。中部水中植被主要为浮叶植物，有菱角、莲、芡实和睡莲等，沉水植物主要有金鱼藻、眼子菜、轮叶黑藻、菹草等，以莲和睡莲、金鱼藻和黑藻为先锋物种。

(2) 康王河湿地公园生物资源

河岸种植了垂柳、法桐，河边有芦苇、菖蒲等，主要有芦苇、莲、菱、芡等水生经济植物，鸟类主要有东方大苇莺、普通翠鸟、夜鹭、震旦鸦雀等。

(3) 东平湖湿地公园生物资源

东平湖面积600多平方千米，常年湖水面积近200km^2，堤防和岸滩种植了垂柳、青桐、法桐、竹柳等经济观光林及少量草皮护坡，主要有芦苇、莲、菱、芡等水生经济植物，浮叶植物菱、芡实生存空间急剧减少；适应较深水位生长的轮叶黑藻、马来眼子菜、金鱼藻、穗花狐尾藻、鲤鱼、草鱼、乌鳢、红鳍鲌、翘嘴、红鲌、尖头鲹、黄颡鱼、鳑鲏、鲢鱼等。

5.3.3 泰安市城区生物多样性

(1) 主要道路生物绿化树种与结构

泰安市城区内的各种道路，主要有包括岱宗大街、泰山大街、东岳大街、红门路、虎山路、擂鼓石大街、龙潭路、温泉路、文化路、青年路、财源大街等街道，既包括横贯城市的交通主干道，也包括市区干道、街区支路。

东岳大街：行道树种为国槐，分车带树种为女贞、金叶女贞、小龙柏、红叶小檗。路侧绿化带树种为雪松、樱花、碧桃、紫薇、紫叶李、小龙柏、红叶小檗、金叶女贞、白三叶草等。

高铁南路：行道树种为银杏、华山松，还有龙柏、油松、小叶女贞、海棠、月季，女贞、红叶石楠、侧柏等。

万官大街：行道树种为华山松、樱花等，还有龙柏、油松、紫薇、红叶石楠、大叶黄杨等。

桃花源路：行道树种为华山松、油松，还有红叶石楠、国槐、栾树、红叶李、雪松等。

青年路：以悬铃木一种树种为行道树绿化，路侧绿化带较少，基本为悬铃木、雪松、石榴、海棠、结缕草等。

红门路：行道树绿化树种类较多，主要由侧柏、国槐、银杏、毛白杨、刺槐组成。人行道绿化带树种为龙柏、金叶女贞、紫叶小、玉兰、雪松、紫薇，路侧绿化带树种主要有国槐、白皮松、毛徕、朴树、蜀桧、紫薇、小龙柏、金叶女贞、红叶小檗等。

长城路：原来104国道泰城段的一部分，主要树种为油松、栾树、冬青、雪松、石楠、柳树、银杏等。

南外环路：主干道绿化树种为悬铃木，分车带为油松、女贞、柿树、栾树、紫叶李、金叶女贞、小龙柏、红叶小檗、紫薇、白三叶草。路侧绿化带树种为银杏、国槐、柳树、毛白杨、玉兰、苦楝、樱花、雪松、紫薇、紫叶李、红叶小檗、连翘、沙地柏、小龙柏、珍珠梅、金叶女贞、白三叶草等。

擂鼓石大街：行道树绿化树种主要由苦楝构成，绿地下方有龙柏、金叶女贞、紫叶小檗等搭配形式。还有灌木大叶黄杨球、紫叶李、雪松、白玉兰、侧柏等，群落式为苦楝、金叶女贞、合欢、紫叶李、雪松、白玉兰、紫薇、红叶小檗、小龙柏、白三叶草等。

岱宗大街：行道树种主要为国槐、千头春树种，分车带绿化树种为国槐、金叶女贞、紫叶李、红叶小檗、小龙柏。路侧绿化带树种为雪松、国槐、玉兰、五角枫、紫叶李、紫薇、金叶女贞、小龙柏、红叶小檗等。

财源大街：行道树种为国槐，部分路段与龙柏、金叶女贞、紫叶小檗搭配。分车带绿化树种为国槐、金叶女贞、小龙柏、红叶小檗等。

灵山大街：行道树种主要为悬铃木、大叶女贞、国槐。部分路段树种为五角枫、国槐，分车带下河桥-青年路树种为女贞、小龙柏、金叶女贞、红叶小檗等。

温泉路：行道树树种以梧桐、旱柳为主。人行道绿化带树种为小龙柏、金叶女贞、紫叶小檗、雪松、侧柏，路侧绿化带树种在岱宗大街以北为梧桐、小龙柏、金叶女贞、紫叶小檗，岱宗大街以南为梧桐、桧柏、雪松、山楂、丰花月季、龙柏、金叶女贞、紫叶小檗等。

泰山大街：行道树种为悬铃木、大叶女贞，分车绿化带为小叶黄杨、金叶女贞、紫叶小檗，绿篱池种植月季、紫薇，小龙柏、金叶女贞、红叶小檗。路侧绿化带树种为国槐、毛白杨、梧桐、柳树、合欢、雪松、油松、银杏、五角枫、紫叶李、紫薇、石榴、玉兰、樱花、海棠、山楂、桃树、杏树、金银木、白三叶草等。

龙潭路：北段人行道绿化带树种为国槐，分车带树种为国槐、小龙柏、金叶女贞、红叶小檗。路侧绿化带树种为紫薇、大叶黄杨、小龙柏、金叶女贞、紫叶小檗。南段分车带树种主要为红花槐、小龙柏、金叶女贞、紫叶小檗、火棘球、小龙柏、金叶女贞、红叶小檗。路侧绿化带树种为毛白杨、金丝柳、栾树、苦楝、雪松、女贞、紫叶李、碧桃、紫薇、连翘、红瑞木、榆叶梅白三叶草等。

迎春东路：行道树种主要为女贞、大叶黄杨。路侧绿化带几乎没有，仅有零星门前绿地。

迎胜南路：行道树种主要为苦楝，还有白蜡、雪松、柿树、小龙柏、金叶女贞、紫叶小檗、高羊茅等。

迎胜东路：行道树种主要为柿树，分车带树种为柿树，路侧绿化带无。

岱道庵路：行道树种为白玉兰、国槐、合欢、银杏，路侧绿化带树种，岱宗大街以南为白玉兰、金叶女贞、桧柏、红叶小檗、月季、龙柏，岱宗大街至向阳路为国槐、桧柏、金叶女贞、龙柏、紫叶小檗，向阳路以北为合欢、银杏、桧柏、龙柏、金叶女贞、红叶小檗等。

虎山路：行道树种主要为悬铃木，路侧绿化带树种为悬铃木、金叶女贞、紫叶小檗、小龙柏等。

虎山东路：行道树种为五角枫，路侧绿化带树种为雪松、紫叶李、大叶黄杨等。

文化路：行道树种为悬铃木、毛白杨，路侧绿化带树种为雪松、红枫、紫叶李、小龙柏、紫叶小檗、月季、金叶女贞、小龙柏、紫叶小檗等。

普照寺路：行道树种为黄山栾，路侧绿化带为黄山栾、金叶女贞、火棘、红叶小檗、小龙柏等。

东湖路：行道绿化树种为垂柳、旱柳，路侧绿化带为旱柳、垂柳、紫薇、金叶女贞、小龙柏、红叶小檗等。

校场街：行道绿化树种为国槐、女贞，路侧绿化带几乎没有绿地；南段也没有行道树等。

虎山西路：行道绿化树种为悬铃木、垂柳，路侧绿带绿化树种为垂柳、金叶女贞、小龙柏、红叶小檗等。

迎春路：行道树种为悬铃木，路侧绿化带为雪松、旱柳、毛白杨、月季、红王子锦带花、高羊茅等。

迎春西路：行道绿化树种为白蜡树，路侧绿化带为紫薇、大叶黄杨等。

荣疗东路：行道树种为悬铃木，路侧绿化带为悬铃木、女贞、紫叶李、金叶女贞、紫薇、大叶黄杨球、红叶小檗等。

金山路：行道绿化树种为国槐，路侧绿化带为紫薇、大叶黄杨等。

泮河东路：行道绿化树种为国槐、悬铃木、旱柳，路侧绿化带为垂柳、紫薇、大叶黄杨等。

通天街：行道绿化树种为国槐、合欢等。

长城路：行道绿化树种为黄山栾、油松，路侧绿化带为雪松、白皮松、女贞、紫叶李、梧桐、柿树、银杏、五角枫、黄山栾、珍珠梅、紫薇、连翘、紫荆、红王子锦带花、白三叶草等。

南关路南段：行道绿化树种为国槐，路侧绿化带为国槐、雪松、女贞、紫叶李、紫薇、小龙柏、金叶女贞、红叶小檗等。

傲来峰路：行道绿化树种为悬铃木、旱柳，路侧几乎无绿地，仅与东岳大街相接处有一绿地。

南关路：行道绿化树种为国槐。

科山路：行道绿化树种为国槐。

（2）泰安市城区主要公园绿化树种情况

高铁广场：主要绿化树种为银杏、华山松、雪松、女贞、青桐、月季、柳树等。

东湖公园：主要绿化树种为垂柳、梧桐、苦楝、大叶女贞、连翘、美人蕉、枫树、白花三叶草、玉簪、麦冬、莲等。

南湖公园：主要绿化树种为紫叶李、樱花、白玉兰、丁香、山楂、白梨、白花三叶草、荷花、营蒲、水葱、慈姑、银杏、合欢、国槐、榆树、杨柳、五角枫、槭树、紫荆、栾树、油松等。

龙泽公园：主要绿化树种为五角枫、龙柏、榆叶梅、桃树、雪松、连翘、红叶李、淡竹、小叶黄杨、大叶女贞、苦楝、华山松、油松、银杏、构树、柿、芦苇、菖蒲、青桐、木槿、桑树、石榴、山楂、臭椿、樱花、红王子锦带、麦冬、虎杖、夜来香、石楠、一串红等。

市政广场公园：主要绿化树种为银杏、连翘、紫荆、紫叶李、垂丝海棠、迎春、白梨、白丁香、樱花、紫荆、贴梗海棠、小叶女贞、建兰、旱柳、苦楝、油松、国槐、侧柏、大叶黄杨等。

岱宗游园：主要绿化树种为山桃、杏树、紫叶李、樱花、白梨、山楂、连翘、月季、牡丹等。

天庭乐园：主要绿化树种为紫叶李、蜡梅、毛楼桃、丁香、连翘、月季、莲藕、紫荆、淡竹、葡萄、旱柳、垂柳、法桐等。

泮河公园：主要绿化树种为旱柳、垂柳、女贞、银杏、油松、石楠、羊毛毡、雪松、栾树、淡竹、国槐、冬青、小叶黄杨、萱草、紫叶李、紫荆、紫薇、剑兰、木槿、非洲菊、红瑞木、红叶小檗、樱花、马尾松、碧桃、青桐、海棠、月季、毛竹、五角枫、连翘、石榴等。

天平湖公园：主要绿化树种为紫叶李、垂柳、旱柳、非洲菊、木槿、三叶草、小叶黄杨、红叶小檗、红枫、芦苇、菖蒲、女贞、连翘、迎春、油松、雪松、五角枫、黄栌、冬青、华山松、月季、碧桃、三叶草、鸢尾、浮萍、火棘、榆树、杨树、构树、龙柏、紫荆、紫薇、法桐、玉簪、麦冬、蔷薇、爬山虎、黄花蒿、石竹等。

5.4 泰安市生物多样性存在的问题

泰安市地理位置、土壤条件及气候、水文等条件，特别是泰山、徂徕山、莲花山、腊山、东平湖山川与水泊等优越的自然因素，决定了其境内生物种类繁多，具备拥有生物多样性的先天条件。但是在人类聚集程度较高的城区等区域，不同程度上改变了生物原有的生境条件，威胁了生物的多样性，危及了原有物种的生存和进化，造成市域物种多样性和遗传多样性的降低，生态多样性遭到危害。

泰安市历史上有保护物种多样性的传统，但在遗传多样性特别是生态多样性方面，仍然需要加强保护，如果不对生物多样性进行规划，则极易受到威胁而遭到破坏，使局部区域丧失生物多样性，进而引起泰安市生物多样性危机。

5.4.1 认识存在不足，物种受到危害

泰安市经济不断发展，旅游人数不断增加，存在造成生物多样性降低的潜在因素，长期以来人们对生物多样性价值的认识较多地停留在可直接利用的价值，而对生态价值缺乏足够的认识，在生物多样性保护已经成为全球性行动的今天，人们对生物多样性的保护意识仍很薄弱，一些人受经济利益的驱使，不断掠取泰安市区域珍稀、有价值的物种资源，致使区域物种不断出现濒危现象，如泰山四叶参野生的已经没有，只有人工栽培的，泰山紫草也越来越少。同时，人们极少关注生物与生物之间错综复杂的关系，不清楚一种生物的消失往往会导致相关多种生物的逐渐消亡，而且间接造成了区域其他相关物种的快速濒危、消亡。

5.4.2 信徒盲目放生，危害生态环境

放生是中国的一个传统文化。泰山、徂徕山名扬海内外，森林覆盖率高，大汶河流经泰安100多千米，东平湖水面超过600km^2，还有其他许多大小的水库、湿地，成为放生的主要选择地之一。科学放生对物种保护有一定的积极意义；而盲目放生可能破坏生物多样性。市民盲目放生，造成现在泰山松鼠成祸，这种盲目放生很容易被发现；而在河流、湖泊放生鳄龟、黑鱼，对原有鱼种的破坏，则不容易被发现。放生的目的是保护生命，如果不考虑当地的生态环境就将动物放生到自然环境中，生态关系一旦被破坏，就很难恢复，容易造成生态问题，因此应“多护生，慎放生”。

5.4.3 外来物种侵入，威胁乡土物种

外来物种是指非本地原产的，在自然分布范围和分布位置以外，具有扩散潜力的物种。泰山上人工种植的刺槐，原产美国，17世纪传入欧洲及非洲。中国于18世纪末从欧洲引入青岛栽培，其后在泰山及其周边山区种植，外来物种刺槐的侵入，占据了泰山当地物种油松等的生存空间，造成当地生物数量的减少，改变原有生态系统的物种组成和结构，降低区域生物多样性。2016年12月，山东省召开日本松干蚧联防联治工作会议，在山东省消失30多年的日本松干蚧卷土重来，对泰山风景名胜区等地的松林资源构成了威胁。另一种危及山东省松树生存的松材线虫病，同样是入侵的外来物种，已扩散到青岛、烟台、威海。

5.4.4 绿化注重观赏，生态功能不足

泰安市城市中的行道树与绿地、人造花园、湿地公园、小区绿化等都过于强调观赏性，而忽视了生态价值。行道树过分强调一路一树种，如青年路基本是悬铃木一种树种，有些花园、公园、小区等区域大量栽培外来常绿植物，乡土物种的使用种类虽较少，使用

数量更少，极个别规划区自生的乡土树种也被砍伐，且经常进行人工修剪、除草等维护措施，造成乡土草本植物种类缺乏，极端的一些外来树种需要搭拱棚才能在泰安本地越冬，没有充分考虑乡土植物对环境的适应性，忽略了城市绿地对本地动物、微生物的养育功能，以及本地动植物之间的生态关系，节假日突击摆放一年生花卉，装饰气氛浓烈，致使城市绿地的生物多样性降低，缺乏生态多样性功能。

5.4.5 盲目树种混栽，忽视相生相克

植物具有相生相克性，就是生态学原理中的他感作用，是植物群落间普遍存在的现象。如加杨与刺槐混交造林，两者相得益彰，与臭椿种植在一起，生长同时受挫；桧柏与海棠种在一起，海棠容易患上锈病，导致落叶落果；柏树散发挥发油，含有醚和三氧四烷，能够使周围种植的植物中毒，生长停止；红松和云杉不能混栽，否则易发生红松球蚜。在植物应用中注意植物间相生相克关系，合理安排园林植物布局对植物的生长至关重要。

5.4.6 群落结构杂乱，不利动物生存

泰安市的森林植物群落、城市绿地植物群落多以人工种植形成的群落为主，森林植物群落多为人工同龄树林，群落的主要异质性——物种组成异质性、空间结构异质性、年龄结构异质性等较低，人工群落普遍存在着结构不合理的弊端，致使现有大部分林场处于乔木物种单一、灌木较少、草本植物种类也不多的状态。城市绿地植物单一程度更高，部分乔木、灌木、草本结合种植的区域，虽然加强了乔木、灌木、草本植物的结合，却忽略了群落的整体性，以及乔木、灌木、草本植物之间的有机联系，特别是现在城区绿化过度修剪、过度除草、过度防治病虫害的措施，降低了生物的多样性，没有考虑植物群落的自我组织、自我维持、自我更新等能力，致使部分区域不能为野生动植物提供适宜的栖息环境。

5.4.7 缺乏有效连接，生物迁徙困难

泰安市虽然有泰山、徂徕山、莲花山、腊山等森林区域，有大汶河、东平湖等湖泊水系，有泰安城区、新泰城区、肥城城区、宁阳城区、东平城区，但面积最大的仍然是农用耕地。在森林区域内部，生物迁徙基本不受阻，在各个城区，生态孤岛较明显，生物迁徙受阻现象普遍。在人工种植的农田中，现有的农业生产方式如灌溉、施用化肥、农药、除草剂、杀虫剂等往往造成农业区自然环境的恶化，特别在冬季缺乏农作物覆盖的田野，广阔的农田往往使区域野生动物无法跨越，生态孤岛现象明显。

《泰安市绿道规划（2015～2030 年）》已经审批。按照规划，将有 14 条城市绿道把泰安市各景区景点串联起来。14 条绿道分为山林型、滨水型、都市型、生态型四种类型，总长度约 530km。其中山林型绿道长度约 138.2km，包括环泰山风光旅游绿道、徂徕山森林公园旅游绿道、泰山东环绿道；滨水型绿道长度约 188.5km，主要包括大汶河海岱文化旅游绿道、泮河两岸亲水休闲绿道、冯庄河绿道；都市型绿道长度约 119.2km，主要包括东岳大街西段绿道、灵山大街绿道、万官大街-桃花源路绿道、长城路绿道、龙潭路绿道、博阳路绿道；生态型绿道全长超过 80km，包括西部乡镇生态绿道、东部乡镇生态绿道。

即使现行的绿道规划实施后，泰安市仍然缺少一个成熟的生物多样性保护规划，必须在保护生物多样性的基础上，优化生态环境。

5.5 泰安市生物多样性保护措施

泰安市域生物多样性的保护从物种和生态系统两个层次进行规划。在物种层面上，关注于物种资源的种类、数量和价值，在保护所有物种的前提下，重点保护泰安市特有的物种如泰山赤鳞鱼，稀

有的物种如泰山四叶参，经济和学术价值高以及特殊重要的物种如泰山赤灵芝等，优先保护列入国家保护动植物名录的和我国特有的野生动植物。在生态系统层面上，在现有的生物群落与生存环境的基础上，以生物群落和生存环境的保护和优化建设为重点，兼顾泰安市区域景观和泰山文化、东原文化、水泊文化等文化内涵，综合发挥生态效益、社会效益、文化效益。

5.5.1 泰安市山区森林生物多样性保护与生态环境优化措施

森林植被既是生态环境的主体，也是优美的自然景观，发挥着生态和社会效益。泰安市原有森林植物群落是长期适应这里的气候、土壤等环境因素的结果，形成了泰山、徂徕山、腊山等独特的植被景观。应严格贯彻落实国家、省市关于生物多样性保护的法律、法规、方针政策和规定，充分运用现代生态学基础理论及其应用技术，认真保护和管理、更新和维护好现有森林，加强对野生植物资源和自然生态系统的保护、管理力度，在保护生物多样性的过程中，重点选用已经适应了泰安气候的树种，特别是乡土树种，慎重选用外来物种，维护泰山自然生态平衡，保护、恢复、发展暖温带针、阔叶林及珍稀濒危动植物资源，确保原有森林生态系统的多样性、稳定性和持续发展。

（1）开展泰安市森林树木的生存状况调查

在已经完成的《泰山生物多样性》基础上，进行徂徕山生物多样性、腊山生物多样性、莲花山生物多样性的调查，建立森林资源数据库、基因库，保护生物遗传多样性。

（2）积极保护泰安市特有珍稀生物

对于泰山赤鳞鱼、泰山花楸、泰山柳，以实行原地保护为主，划定保护区域，在原地保护基础上，创建泰安市特有珍稀生物培育区，杜绝林业物种资源的随意流失和破坏，保护具有特殊价值的种质资源。保护重要作物的野生近缘种，如野生大豆，保护林业野生动植物的原生境，建立泰安市森林重要作物野生近缘种的原生境保护点。保护泰安市森林生物遗传多样性，利用现代生物技术如克隆、组织培养、功能基因组研究、优异基因发掘，培育优良的林业作物品种。

(3) 加强检疫工作，防止有害物种入侵

外来有害物种入侵会对原有生态系统造成破坏，若想优化生态环境，必须严格防止外来有害物种的入侵。一方面加强宣传，提高人们对外来有害物种入侵的认识，在泰山森林公园风景区、徂徕山森林公园风景区、腊山森林公园风景区，严格控制随便携带、引进和种植外来物种，更不能随意放生外来动物。另一方面要积极采取措施防止外来有害物种的入侵，建立完善的植物检疫队伍，严格按照规章制度，严把森林公园进山入口及周边保护地带检疫，防止有害物种入侵，特别是如松材线虫病和美国白蛾等重要检疫对象的入侵。

(4) 建立山地森林生态预警和快速反应体系

在泰安市山地森林周边外围辐射地带约10km建立重大有害生物防御体系，建立外来入侵物种早期预警体系，及时探测到新的入侵物种并及时采取控制措施，特别是近几年发生的美国白蛾和松材线虫等重大有害生物，一旦探测到入侵现象，能够迅速制订控制计划，划出高风险区、缓冲区及保护区，并根据分类实施具体的措施，通过加强检疫、监测及防治，严防重大疫情蔓延至森林。同时记录外来物种的发展情况，通过畅通的渠道及时汇报到相应的管理部门。

(5) 生态控制森林病虫害，实现有病虫不成灾

泰安市山地森林病虫害防治要贯彻“预防为主，综合治理”的方针，以病虫害预测预报为前提，严格实行检疫制度，用以鸟治虫、以虫治虫、以菌治虫等方法，尽量减少用药次数和面积，避免对环境的污染。将森林病虫害控制在有病虫害而不成灾的水平。

(6) 加强对山地森林古树名木的保护

泰安市山地森林，特别是泰山、徂徕山森林中有大量的古树名

木，是泰安市森林特有自然景观的重要组成部分，更是长期以来遗留下来的活着的历史文化遗产，如泰山迎客松、五大夫松、卧龙槐，盘山道柏洞两旁的侧柏，玉泉寺古银杏树等。古树名木目前面临的主要问题是自然衰老、土壤退化、病虫危害等。加强对古树名木的保护，对于生态环境的优化，满足社会的审美、旅游要求，具有重要意义。同时，在新的景点有计划地栽植培育银杏、油松、侧柏、青檀、蜡梅、灵霄、紫藤、国槐等，以形成泰山新一代的古树和名木。

（7）有效控制山地森林火灾

山地森林火灾对生态环境的影响巨大，应加强森林防火意识，建设生物防火林带。生物防火林带由抗火性、耐火性强的树种组成，如银杏、刺槐、臭椿、核桃、青杨、火炬树、香椿、紫穗槐、五角枫、荆条、山杨、山楂等是很好的防火树种，生物防火林带可以提高森林抵御自然灾害的能力，要求达到每万亩山林开设长20～30km、宽20～25m为宜。在防火林带下，尽量栽植常绿地被物，如常青藤、络石、扶芳藤、麦冬等，既增加了景观效果又防止水土流失，还丰富稳定了生物多样性。通过生物防火林护林点的建设、监测和报警系统等，建设电子可视监测系统，通过人工和仪器检测相结合，全面提升灾害监测水平。加大火灾宣传力度，通过各种媒体、张贴宣传告示、宣传车等宣传防火法律法规及防火的重大意义。

（8）生物多样性的就地保护与科学迁地保护

生态环境中生物的“就地保护”是生物多样性保护最为有力，也是最为高效的保护方法。在泰安市山地森林内，建立生物多样性绝对保护核心区，在核心保护区外建立缓冲区，以减小人为活动对核心区的干扰；在生物栖息地之间建立生态廊道，关键性部位引入或恢复乡土景观板块，建立物种运动的“跳板”，以连接破碎生境板块，增加生物穿越边界的能力。生物多样性科学的迁地保护是就地保护的补充，对于生活力衰退的濒危物种，在可以预见处于濒危灭绝状态后，在不影响生态环境的前提下，适度采集植物部分种子、枝条或捕捉少量动物个体，通过建立植物种植园、动物繁殖场等形式，把要保护的物种集中到保护濒危的园地里，如对泰山的珍稀濒危物种——泰山赤鳞鱼、泰山花楸、泰山柳、泰山紫草、泰山四叶参、泰山黄精等应采取科学措施，包括克隆、人工授精、组织培养等生物技术，快速扩大濒危物种的数量，使濒危、稀有和特有物种能在“避难所”得到保存、繁衍和持续利用，逐渐完善植物园、动物园、种子园和基因库的建设。同时分批种植或放归山林，增加山地森林濒危物种数量，逐步过渡到形成自然群落，改善生态环境。

(9) 山地破损面及冲积沟植被生态恢复与不同结构林木的优化

雨水冲刷和人工修路等工程的破坏，造成许多山坡破损面，遵循系统演替原理，在保证生物多样性前提下，对绿化难度较大的破损面，采取养草、灌木、再植乔木的方法，逐步提高。选用乡土植物如油松、侧柏和麻栎，具体采用营养袋内加草种子的绿化方法，按照生态群落演替的理论，逐步将纯林改变为混交林，将单层林改变为多层次林，将同龄林改变为异龄林。在有条件的裸岩下部或岩石缝隙中，种植如泰山络石、南蛇藤、爬山虎、常春藤、葛藤等乡土的藤本植物，以达到绿化并提高绿化面积的目的。对较单一树种林地，如刺槐纯林，萌发旺盛，林下灌木和草本植物稀少，其他混生的一些树木也逐渐被挤压而死亡，按其自然演变会向纯林方向发展，导致生态系统逐步脆弱。根据生物多样性保护对策，应选用乡土树种如油松、黄栌等进行局部穿插造林，加强抚育管理，逐步调整植物的结构、密度、郁闭度，使其朝着有利于乔灌草共同生存和发展的方向演变，丰富生物多样性。对高密度单层林的改造，如华山松纯林、红松纯林、侧柏林等，林分密度过大，以至于林下几乎无灌草，应增加耐阴植物，补种阔叶树，由单层林改造成复层林，纯林改造为混交林。对混交林的结构和密度调整，其中，松柏与阔叶树种混交林，存在结构和密度不合理的现象，使混交林稳定性较差，松柏生长速度慢，成为树下树，长势较弱，甚至死亡，自然演变向阔叶纯林发展。应尽量保留长势较好的松柏类树木，修剪阔叶树木枝条及衰弱树，保持针阔混交林。

完全靠自然的力量，植被演替的方向有时是不符合人们要求的，演变速度也极为缓慢。为了使泰安市森林植被朝着良性循环的演替方向发展，需要增加乡土树种，进行人工的植被恢复与重建。特别是作为自然与文化遗产的泰山，植被的恢复与重建必须遵循以保护自然与文化遗产为目的。

5.5.2 泰安市丘陵及平原林业用地生物多样性保护与生态环境优化措施

① 保护重要作物的野生近缘种，保护林业野生动植物的原生境，建立重要作物野生近缘种的原生境保护点。对野生珍稀动植物等加强管理，对重要野生生物的种质资源以及其栖息地加强保护。

② 加强对丘陵及平原零星分布的古树名木的保护，严禁伤害古树名木。充分发挥古树承载的历史文化资源的价值，并在古树周围增加相同的树种及其他乡土树种，提高乡土树种在植被恢复重建过程中的数量。

③ 保护丘陵及平原林区现存的根系发达的多年生草本植物、灌木以及存在的乔木，严禁私自采挖、取材。开展珍稀树种和乡土适宜树种的繁育技术研究，增加区域种群的种类和数量，严防高危生物的入侵。

④ 对经济林、苗圃进行管理，对经济林严格采取凭证采伐，并及时栽植树木，对苗圃严格采取重要高龄树木禁止移栽的制度，对商品苗木采取持续发展的思路。

⑤ 加强丘陵林地生物多样性保护，形成科学管理措施，严禁非法占用丘陵山地，对已破坏的丘陵山地进行因地制宜的生态修复，逐步恢复自然生态环境。

⑥ 加强林田基本建设，大力发展丘陵林地景观林、生态林、

经济林等，因地制宜发展泰山板栗、泰山美人梨等特色丘陵山地经济树种，保护和改善丘陵生态环境；推进丘陵林地生态化发展，降低林业生物生存环境的急剧变化，保护林业地区自然生态环境，在维持现有物种多样性的前提下，不断引进其他适合当地条件的经济树种和适应经济动物，丰富生物多样性。

⑦ 完善泰安市丘陵及平原林地网络体系，对于符合植被恢复条件的区域，积极进行封育和恢复，适当进行栽植绿化，增加林地的资源。对其中坡度25°以上的丘陵山地，优先进行植树造林，同时兼顾生态林与经济林的发展，解决当地人民的生存，拓宽致富途径。积极拓展绿色生态空间，推进森林村庄、森林乡镇直至森林城市的生态建设。全面消灭林地周边荒渠、荒路、荒坡；加快建设小型公园，扩建公共绿地面积，同时大力发展农村庭院经济林，利用房前屋后空地进行经济林的建设，增加植被板块数量，推进丘陵林地与平原林地生态系统之间的有效连接。

⑧ 加大交通路线两边植树造林力度。泰安市有京沪高铁、京沪铁路、京沪高速公路、京福高速公路，G105、G205、G220、G341、G342共计5条国道，S103、S104、S237、S241、S243、S246、S326共计7条省道，以及将要开工建设的济泰高铁等。加大高速铁路、高速公路、一般铁路、国道、省道、县区以及乡级公路等两旁绿化用地的建设力度，沿国道、省道交通道路两侧、企业周边等设置宽度30m以上的道路防护绿地和卫生隔离绿化带，在县、乡、村道路两边也设置绿化带，充分发挥其生态廊道作用。

⑨ 加大丘陵及平原林业产业结构生态调整，发展一批具有泰安市本地特色生态林业，提高区域生物多样性，有效保护特殊生物生态系统。对生态脆弱地区的生态林地，以培育混交、异龄、复层林为主，丰富生物多样性，增强生态系统稳定性；对生态区位重要，具有景观价值的旅游生态林地，以培育景观好、径级大、生长周期长的森林资源为主；对广泛分布在泰安市的许多经营性苗木花卉苗圃，以集约经营、基地化管理为主，合理开发利用生物资源，重点发展适应泰安气候的优良、珍贵、高价的树种培育基地，形成

优质、高效的植物资源，做到生态效益与经济效益相互兼顾。

⑩ 合理配置林地植物群落。优先选择适应泰安市气候的乡土树种，泰安市主要乡土树种有：国槐、桑树、柏树、梧桐、旱柳、垂柳、合欢、银杏、臭椿、白蜡、苦楝、毛白杨、紫叶李、女贞、构树、香椿、黄杨、冬青、泡桐、柿树、乌柏、皂荚树、枫杨、青桐、榆树、朴树、蜡梅和淡竹、毛竹等。根据泰安市丘陵及平原林地生境的特点，通过多树种混合种植，因地制宜地构建多树种、多层次、多年龄段的林地，同时，选择灌木和草本植物，增加绿化层次，达到很好的景观效果。经济林果以泰安市特产为主，如：泰山美人梨、泰山板栗、泰山大红石榴、泰山茶树、泰山核桃、泰山大货山楂、里峪椿芽、泰安水杏、泰山小樱桃、大樱桃、柿树、肥城桃、宁阳大枣等。

5.5.3 泰安市河流湖泊湿地生物多样性保护与生态环境优化措施

在保护生物多样性的前提下，运用生态学、景观生态学、生态恢复学等理论对河流、湖泊、水库等水体和河岸带进行规划，在保留原有自然结构保护的基础上，人工措施必须结合当地河流水文条件、土壤条件、水生动植物、气候条件、河岸植被带等多种生态因素，多学科交叉运用，综合分析，优化生态环境。

① 加强东平湖、汶河、康王河等湿地野生动植物资源调查和监测，实施东平湖、汶河、康王河湿地生态功能保护与恢复，对湿地生态系统进行监控，加强湿地生态系统的科学研究，保护珍稀濒危野生动植物的栖息地，严防偷采、偷猎等现象的发生，积极维护湿地现有的生物物种数量，建立湿地野生动植物资源及保护数据库。制订湿地短期、中期、长期保护发展计划，完善湿地生态网络。

② 整治与恢复退化的湿地生态系统，稳定和增加湿地面积。天然湿地面积减少的主要原因是水域的泥砂游积和不合理的开发利

用。因此，应实施退耕还湿工程、退渔还湖工程，并及时清理水域冲击泥砂，有效稳定地增加湿地面积，广泛种植湿地植物，扩大物种数量，提升天然湿地生态系统鱼、虾、浮游生物的数量，吸引更多的鸟类到湿地栖息、越冬、繁殖，提高湿地生态系统的良好环境和生物多样性保护。

③ 加大湿地及周边环境保护，杜绝湿地水体发生污染，维护湿地现有生态系统，保护现有湿地生物多样性。对有污染趋势的企业，实行关闭、停产整治等措施，杜绝污水排入河流，保护河流水质，对河流、湖泊、水库的生态功能区实施 24h 检测与清理工程，提高河流、湖泊、水库水体环境质量；及时治理有害水生植物，增加乡土生物资源，推进湿地水产养殖业等持续发展，疏通水系，打通生物廊道，改善水环境，完善湿地水网。

④ 开展湿地珍稀生物种群的野生复壮技术研究，驯养珍稀湿地物种、人工繁殖，增加湿地可存活种群的数量。充分发挥湿地生态系统的作用，严格保护湿地资源，禁止在东平湖、汶河、康王河等湿地周边进行养殖、采砂、取土、开垦、放牧、烧荒等活动，控制人为对湿地的干扰，为旅游环境、人类居住提供良好的生态屏障，为当地经济的持续健康发展提供资源保障。

⑤ 防止外来危险物种的入侵及对现有物种的破坏，从而造成生物多样性的降低。加强生物防治技术的研究，维护湿地原有的生物多样性，合理引进适宜物种，优化湿地植物群落结构。根据东平湖、汶河、康王河各个湿地的环境特征，因地制宜配制陆生、水生动植物物种，适当增加芦苇、香蒲、荷花、睡莲、浮萍、金鱼藻等当地水生植物，垂柳、杨树、杞柳等陆生植物。同时，开展水葫芦、空心莲子草等入侵物种的检测与防治，杜绝外来有害物种的入侵。

⑥ 加强湿地区域生物多样性保护，兼顾水体与河岸边生态优化。湿地湖泊区域划分为水体区、水陆交错区、陆地区。水体区中的动植物还可以净化水质，促进生态循环，水体生长的动物主要为浮游生物、鱼类、虾类等，水生植物包括挺水植物、沉水植物、浮

水植物。在进行水生动植物搭配时，应考虑不同的动植物种群之间的互相促进、相互竞争等多种关系，如鱼类和植物的密度、层次、疏密结合。水陆交错区是介于水生与陆生两种生境的过渡区域，选择浮游动物、虾类、螺类、挺水植物、湿生植物、耐湿性乔木、耐湿性灌木等，根据生态性原则，做到层次丰富、疏密有秩。采用自然河岸或具有自然河岸“可渗透性”的人工河岸，能保证河岸与河流水体之间的水分调节和交换，同时具一定的抗洪强度。陆地区动植物景观是各类生态公园中较为常见的动植物景观，主要通过植物中乔木、灌木、草本植物因地制宜合理搭配，并吸引陆生动物居住。通过科学系统的评估设计，扩大湿地自然保护区面积，提高生物多样性，保护湿地生态系统的生态功能。

⑦ 建设河流湖泊生态绿色走廊。对东平湖、汶河、康王河等重要的湿地实施生态廊道建设工程，将泰安市大部分河流通过生态绿色走廊连接起来，分析湿地水体、陆地植物与土壤的关系，以及植物在生态修复和水体净化中的作用，增加具有净化水质功能的水生植物，加大湿地水体、水岸、水边滩地、河流两岸的生态公益林、水源涵养林、防护林等的建设力度，丰富生态群落。严禁在东平湖、汶河、康王河等湿地周围保护区内种田、养殖，保护和恢复湿地生态系统多样性，防止湿地周边的水土流失，减少河流、湖泊的泥砂沉积。

5.5.4 泰安市农业用地保护区的生物多样性保护与生态环境优化措施

① 开展泰安市特有农作物的生存状况调查，调查农业野生动植物和农作物物种多样性状况，收集保存已遭淘汰的农作物品种，建立种质资源、基因库，保护生物遗传多样性。

② 积极申报“地理标志产品”，划定养殖、种植保护区域，杜绝农作物物种资源的流失和破坏。建立特殊养殖动物、经济植物等的培育、实验区，保护具有特殊价值的种质资源。

③ 保护生物遗传多样性，利用现代生物技术重点进行优异基因发掘和功能基因组研究，培育优良的农作物品种。

④ 禁止种植转基因植物，特别是转杀虫基因作物，减少化肥、农药的使用，特别是除草剂的使用，划定禁止使用区域。积极引进生物防治、生态控制技术，保护和改善农业生态环境，避免农田土壤污染，地力培肥；积极发展有机产品、绿色产品、无公害产品，采用连茬播种技术，降低生物生存环境的急剧变化，推进种植业的生态化发展，保护农用地区物种多样性，维护自然生态环境。

⑤ 加强农田生态环境建设，加大整治和管理力度，严禁破坏和非法占用农田，对已破坏的要实行土地复垦，增加耕地面积。完善农田防护林网络体系，结合农田水利工程，全面消灭荒渠、荒路、荒坡；重点实施田埂的绿化，田埂和周边的植被是农作物病虫害天敌的繁殖和栖息场所，对农田害虫的控制起到至关重要的作用。荒渠、荒路、荒坡、田埂的绿化，能够增加农用地区植被板块数量，充分发挥其生态廊道作用；推进农业区生态系统板块之间的有效连接。

⑥ 调整农业产业结构，扩大有机农业面积，增加有机肥料的应用面积，提高农田土壤中有益微生物、有益线虫、蚯蚓等生物物种，增加授粉动物蜜蜂等生物种类，是农田增加生物多样性的重要途径，引进适合泰安市本地气候土壤条件的新型农作物新品种以及配套的高新栽培技术，发展本地特色生态农业，提高区域生物多样性，合理开发利用生物资源，有效保护特殊生物生态系统。

5.5.5 泰安市城镇绿地保护区的生物多样性与生态环境规划措施

① 建立各个县市区古树名木电子档案、纸质档案，并进行电子监控，开展古树名木的动态监测；对古树名木实行工程避让制度，在周边 50m 范围内禁止进行土地开发，保护原有生态环境，确保古树名木免受破坏。加强古树名木保护技术的专项研究，制定

科学的养护措施，将古树名木的保护纳入法制管理轨道。

② 扩大乡土物种数量和栽植范围。泰安市乡土物种是最适应当地气候环境的物种，但泰安市城镇绿化越来越趋向引进外来物种，乡土物种的比例显著降低。维护乡土树种在城镇绿地中的适当比例，优化绿地植物群落结构，吸引一些动物特别是鸟类的回归，是提高城镇绿地生物多样性的关键。

③ 繁育并适当引进特有珍稀植物，建立泰安市各个县市区当地的植物园。加强珍稀植物的人工繁育，增加其在泰安市城市绿地建设中的使用量，扩展泰安市珍稀动植物的生存空间。城市绿地是实施生物异地保护的重要场所，泰安市历史上已成功引种了水杉等珍稀特有植物，适当引进特有物种对提高泰安市生物多样性具有重要的意义。

④ 保持青山绿水，营造良好的生态环境基础。良好的环境质量是生态城市建设的可靠保障。泰安市各个县市区城区主要干道两侧绿化基础较好，一些煤矿等区域，随着产量降低、转产停产，在截流粉尘、净化空气、降低噪声、提高环境质量等方面都做出了很大的社会贡献。

⑤ 完善泰安市城市绿地生态网络体系。因地制宜扩大现在已有的小面积绿地板块，推进城乡道路绿化林网建设，沿城市道路两旁建设生态型绿化廊道；增建城市公园，推广立体绿化，增加城区绿量，优化城区绿地的空间布局，兼顾生态、景观效益，提高全市各类用地的绿化普及率，增强城市绿地板块间的有机联系，构建布局合理的城镇绿地生态网络体系，减少城市区域生物的生存、繁衍、迁移等阻力。

⑥ 提高城镇绿地的生境质量和生态功能。生态学有“多样性导致稳定性”的论述，针对泰安市城市绿地植物群落的结构和物种组成尚不能明显反映泰安市的地方特色、不能充分体现城市的生物多样性等现状，重视乡土树种的应用，推广桑树、柳树、楝树、柏树、榆树、国槐、构树、椿树、木槿、皂荚树、冬青、合欢、梧桐、银杏、青桐、女贞、蜡梅和淡竹等具有较高观赏价值的乡土树

种的使用，加强泰安市城市绿地植物群落的多样性设计，开展多功能景观和绿地植物配置等的理论研究。

⑦ 在城市绿化中加强物种管理。扩大泰安市乡土树种和珍稀动植物种类，增加其在泰安市城市绿地建设中的使用量。城市绿地是实施生物异地保护的重要场所，根据植物相生相克的原理，将相生物种合理搭配种植在一起，避免一些相克植物相邻。在引进物种时要避免危险性物种的侵染，建立适宜物种的引进程序、驯化机构和扩繁基地，做好动植物检疫，防止检疫对象传人。在保证现有绿地的前提稳定条件下，有计划地引进安全的外来物种，并通过增设鸟笼等设施，逐步增加城市动植物的物种，提高生物多样性。

⑧ 加强城镇绿地的生态管护。城市绿地系统就是城市范围内一切人工的、半自然的以及自然的植被的综合，包括陆生群落和水生群落。城市绿地系统包含动植物物种及其生存的环境，是城市中除人类以外唯一有生命的人造基础设施。城市园林绿化能够改善城市生态环境，保持城市生态系统平衡。在城市绿地管理中，主要做好现有绿地的保养与正常维护，对发生的病虫害进行生态控制，适度保留草本植物，可以显著增加物种生物多样性，直接增加了遗传多样性，也更有利于生物群落的早日形成。城市园林绿化通过植树造林、涵养水分、净化河流、栽种花卉、培草增绿等过程，建立立体多元的绿色植被，逐步形成生态群落，可以调节温湿度、降低城市污染，改善生态环境。

5.5.6 泰安市城区生物多样性保护与生态环境规划措施

我国正经历快速城市化建设，大量城市建设对生物多样性造成了严重的破坏，生物多样性的保护，已成为当今城市建设的热点话题，一些大城市如广州、昆明、成都、南昌等已将生物多样性保护作为城市总体规划的重要内容，甚至单独编制城市生物多样性保护规划。

多年来，泰安市政府着手开展城市绿地和植物景观规划设计，以体现历史文化名城的风貌，围绕提升园林绿化水平的要求，进一步改善城市生态环境。现在，由单一树种和种植草皮的绿化形式，已经远远不能满足泰安这座历史文化名城。以生物多样性保护为指导，规划与设计具有代表城市特色的基于生物多样性保护的泰安市生态环境优化研究，对改进泰安城市景观生态环境质量具有重要的指导和现实意义。

（1）科学规划、合理布局，确定生态城市的总体框架

泰安市建设生态城市的基本思路：在泰安市城市生态建设中，采用生物多样性保护的景观生态学原理，在城区环境日益人工化的情况下，仍然可以通过林地、绿带、水系、水库和人工池塘及湖泊的巧妙布置，使生物多样性保持在很高程度。景观规划设计将在生物多样性保护中起决定性作用，采用“板块-廊道-基质模式”“景观异质性与景观多样性”“景观连接度及景观连通性”方式进行研究。

按照泰安市“中优、南拓、东展、西联”的发展目标，根据生物多样性的要求，泰城中部优化原有绿化，根据老城区的特点，将绿化向空间发展，南部逐渐向汶河延伸，以建设不同小型湖泊点缀，丰富水生植物和湿地植物；东边逐渐扩展到徂徕山附近汶河以东，依托东部济泰高速公路，借助济泰高速公路进入泰城后的五个立交出口等关键节点，建立交通要道的生态绿化；西部依托京沪高铁以西、新104国道以东的规划绿地建设，用植物生态链接新104国道。在新的城市规划中，在生态环境中设计点缀的高楼大厦和绿色通道，杜绝新城区重新走“在高楼大厦之间，道路两旁点缀栽植绿色植物”的老路。

科学合理的城市规划是生态城市建设的保证，《泰安市绿道规划（2015～2030年）》的批复实施，是泰安市生态城市建设的保证。生态城市实施方案中，应将基于生物多样性保护作为重点，采取生态系统原理，将14条绿道建设成生态示范大道，并以生态大道为基础，预期价值：通过对泰安市现有泰山山坡林地、交通绿

带、奈河等水系、太平湖等水库和南湖、东湖等人工池塘及汶河拦河湖泊、沿岸湿地、河流等进行巧妙布置，建设各种类型的植物园、城市公园、湖泊公园、滨河绿带、林荫小道、小区绿地、种植资源基地、防护绿地，以及围绕城市周边的大面积绿色空间为主体的城区绿地生态系统。使生物多样性保持在很高程度，满足泰安市生态环境优化需要。

（2）保持生物多样性，保护城市的自然生态环境

生物多样性是人类赖以生存和发展的基础，保护生物多样性，维护生态平衡，对改善泰安市人居环境，指导城市建设具有重要意义。在多样性保护规划中，将泰山、徂徕山、汶河作为生物多样性保护核心区，严禁任何破坏性建设活动，在周围设缓冲区，建立用于物种交换和流动的绿化廊道。立足生物多样性保护，以泰山、徂徕山、汶河国家公园的契机，保护湿地、河畔生态系统、湖泊生态系统等特殊生态环境，保护泰安市特有珍稀生物物种，迁徙性动物如候鸟等，以及赖以生存的生态环境。发挥泰安市是旅游城市的特殊作用，构建景观多样性，以岱庙、东湖、南湖、天平湖、天颐湖、碧霞湖等为中心，移植景观植物种类，增加生物多样性。规划城区综合公园为主要生物保护核心区域，建立各个区域与周边绿地之间的生物廊道，促进泰山和泰安市城区之间、徂徕山与泰安市城区之间、泰安市城区与汶河之间生物物种交流和联结，增加景观的异质性和栖息地板块。在城市市域周围建立完整的生物景观绿化带，保护生物多样性。

（3）设立城市建设红线，用地前进行多样性保护

环山路是泰城东西贯通的重要交通干线，也是泰山景区与城市建成区的分界线，还是泰安市城市建设决策的红线。绝不能出现跨过环山路进入泰山森林区进行建设的行为。同时，要不断将泰山南坡森林向城市延伸，杜绝森林城市化，而要变为城市森林化。

加强泰安城市建设占用的丘陵、河流、湖泊生物多样性保护，加强城市区域规划设计的生物多样性保护，类似考古保护程序，坚

持植物物种尽量原地保护原则，对必须转移的，需要进行科学论证，坚持就近转移保护，在转移过程中，坚持土壤原样移植保护，尽量不破坏原区域生态。同时，强调人工园林与自然生物群落的有机结合，保护生物多样性。

(4) 加强本地特有物种在城市绿化中的应用

加强泰安市原有城市绿地的改造升级，将泰山特有物种进行组培生产，逐渐扩大覆盖区域，由泰山向城市逐步过渡，对于数量多的一些物种，采取保护性扩繁，适当扩大种群数量。同时，加大乡土物种的数量和生长区域，体现城市绿化的地方特色，招引鸟类等野生动物入城，促进生物多样性的提高。

加强泰安市城市自然遗留地和自然植被保护，建设城市自然保护区。草本植物，特别是生活中被认为是杂草的植物，存在种类多、基数大，是生物多样性的重要组成部分，但在园林绿化和城市建设中，常常被作为防除的对象进行消灭，严重降低了生物多样性。因此，适度保留草本植物，可以显著增加物种生物多样性，直接增加了遗传多样性，也更有利于生物群落的早日形成。关于杂草对景观的影响，可以采用适当修剪的方法加以解决，而不是除草无尽的原则。

(5) 规范引进外来物种，杜绝危险外来物种

引进适宜的外来物种，可以直接增加物种生物多样性，也就增加了遗传生物多样性，但危险性物种的侵入，短期增加了物种多样性。由于侵入物种会对当地乡土物种的生境造成破坏，在一定时间后，造成原有物种生长困难，逐渐死亡，使原有生态群落发生演变，导致生态环境恶化。危险性入侵植物的影响是逐渐加重的，而危险性动物的侵入，短期内就会造成严重的后果。因此，生物多样性保护的环境优化不是简单增加生物物种，而是一个系统的工程，需要因地制宜地进行各个区域的设计，才能收到理想的效果。

加强泰安市城郊局部大型森林和环城绿化带建设，从而提高城市生物多样。所有环境优化措施都围绕生态源地，以保护现有核心

生态板块为主，严格避免周边土地开发利用对生态板块的干扰与破坏，加强生态板块之间生态走廊的连接，并为泰安市区域发展规划提供科学依据，划出土地开发过程中对生物多样性保护的避让区域，同时基于生物多样性的保护，进行生态环境优化。

总之，生物多样性保护是泰安市城市生态文明和生态环境质量水平的重要标志。基于生物多样性保护的泰安市生态城市建设，区别于过去的传统城市建设，其根本宗旨就是共同保护生物多样性，促进人与自然和谐相处，针对泰安市生物多样性的优势和存在的问题，敢于面对城市建设与生态保护过程中出现的新情况、新问题，深入调查研究，以人与自然的和谐共处为价值取向，立足生物多样性保护，以科学的发展观指导生态城市建设，将城市建设与生态保护完美结合，协调人与自然的关系、经济发展与生态保护的关系，制定应对措施，将泰安市建设成独具特色的生态文明城市。

第6章 泰安市噪声环境保护研究

根据《中华人民共和国环境噪声污染防治法》（以下简称《噪声法》），环境噪声是指在工业生产、建筑施工、交通运输和社会生活中所产生的干扰周围生活环境的声音。在日常工作和生活环境中，噪声主要造成听力损失，干扰谈话、思考、休息和睡眠。根据国际标准化组织（ISO）的调查，在噪声级 85dB 和 90dB 的环境中工作 30 年，耳聋的可能性分别为 8%和 18%。在噪声级 70dB 的环境中，谈话就感到困难。对工厂周围居民的调查结果认为，干扰睡眠、休息的噪声级阈值，白天为 50dB，夜间为 45dB。

6.1 环境噪声的分类及标准

6.1.1 环境噪声分类

根据《噪声法》，环境噪声根据来源主要分为：工业噪声、建筑施工噪声、交通运输噪声、社会生活噪声。

工业噪声是指在工业生产活动中使用固定的设备时产生的干扰周围生活环境的声音，有由机器、机械的撞击和摩擦引起的（如织布机、磨球机、碎石机、冲床、打夯、电锯等），也有由空气扰动或者其他气流引起的（如通风机、汽轮机等）。

建筑施工噪声是指在建筑施工过程中产生的干扰周围生活环境的声音，如施工中挖掘、打洞、搅拌、运输材料和构件等产生的噪声。

交通运输噪声是指机动车辆、铁路机车、机动船舶、航空器等交通运输工具在运行时所产生的干扰周围生活环境的声音，包括汽车、摩托车、轮船等的行驶和鸣笛声，铁路、城市轨道、机场附近列车和飞机的噪声等。

社会生活噪声是指人为活动所产生的除工业噪声、建筑施工噪声和交通运输噪声之外的干扰周围生活环境的声音，包括家用电器噪声、装修噪声、商业叫卖声、音响乐器声、宠物声等。较强的噪声对人的生理与心理会产生不良影响。

6.1.2 环境噪声标准

依据《噪声法》，环境噪声标准主要分为声环境质量标准、噪声排放（或控制）标准和产品噪声辐射标准三个层面。此外还有相应的环境噪声监测标准、环境噪声管理标准（导则、规范）等常用的环境噪声标准。

《声环境质量标准》（GB 3096—2008）是从受体保护（睡眠、交谈思考、听力损伤、主观烦恼度）的角度，分0～4类声环境功能区及保护目标，规定了噪声标准限值要求及测量方法（表6-1），评价量为昼间、夜间等效连续A声级。该标准同时规定，各类声环境功能区夜间突发噪声，其最大声级超过环境噪声限值的幅度不得高于15dB（A）。

表6-1　环境噪声限值　　单位：dB（A）

声环境功能类别	时段	
	昼间	夜间
0类	50	40
1类	55	45

续表

声环境功能类别		时段	
		昼间	夜间
2类		60	50
3类		65	55
4类	4a类	70	55
	4b类	70	60

注：根据《噪声法》，“昼间”指06:00～22:00之间时段，“夜间”指22:00至次日06:00之间时段。

根据《声环境质量标准》（GB 3096—2008）的规定，声环境功能区按区域的使用功能特点和环境质量要求，分为五类声环境功能区，包括0～4类。

0类声环境功能区：指康复疗养区等特别需要安静的区域。

1类声环境功能区：指以居民住宅、医疗卫生、文化教育、科研设计、行政办公为主要功能，需要保持安静的区域。

2类声环境功能区：指以商业金融、集市贸易为主要功能，或者居住、商业、工业混杂，需要维护住宅安静的区域。

3类声环境功能区：指以工业生产、仓储物流为主要功能，需要防止工业噪声对周围环境产生严重影响的区域。

4类声环境功能区：指交通干线两侧一定距离之内，需要防止交通噪声对周围环境产生严重影响的区域，包括4a类和4b类两种类型。4a类为高速公路、一级公路、二级公路、城市快速路、城市主干路、城市次干路、城市轨道交通（地面段）、内河航道两侧区域；4b类为铁路干线两侧区域。

《声环境质量标准》（GB 3096—2008）规定了五类声环境功能区的环境噪声限值及测量方法，适用于声环境质量评价与管理，但不适于机场周围区域受飞机通过（起飞、降落、低空飞越）噪声的影响。

《社会生活环境噪声排放标准》（GB 22337—2008）按边界外

声环境功能区类别对营业性文化娱乐场所和商业经营活动中可能产生环境噪声污染的设备、设施规定了边界噪声排放限值及测量方法，适用于其产生噪声的管理、评价和控制。社会生活噪声排放源边界噪声排放限值见表6-2，评价量为昼间、夜间等效连续A声级。该标准同时规定了在社会生活噪声排放源位于噪声敏感建筑物内情况下，噪声通过建筑物结构传播至噪声敏感建筑物室内时的等效声级限值。

表6-2　社会生活噪声排放源边界噪声排放限值

单位：dB（A）

边界外声环境功能类别	时段	
	昼间	夜间
0类	50	40
1类	55	45
2类	60	50
3类	65	55
4类	70	55

《工业企业厂界环境噪声排放标准》（GB 12348—2008）按厂界所在声环境功能区类别规定了工业企业和固定设备厂界环境噪声排放限值（表6-3）及其测量方法，评价量为昼间、夜间等效连续A声级。该标准同时规定，夜间频繁突发的噪声（如排气噪声），其峰值不准超过标准值10dB（A），夜间偶然突发的噪声（如短促鸣笛声），其峰值不准超过标准值15dB（A）。

表6-3　工业企业厂界噪声排放限值

单位：dB（A）

厂界外声环境功能类别	时段	
	昼间	夜间
0类	50	40
1类	55	45

续表

厂界外声环境功能类别	时段	
	昼间	夜间
2类	60	50
3类	65	55
4类	70	55

《建筑施工场界噪声限值》(GB 12523—2011)规定了建筑施工场界环境噪声排放限值及测量方法，评价量为昼间、夜间等效连续A声级。建筑施工场界昼、夜噪声排放限值分别为70dB(A)、55dB(A)，其中夜间噪声最大声级超过限值的幅度不得高于15dB(A)。

此外，机场周围区域受飞机通过(起飞、降落、低空飞越)噪声的影响，执行《机场周围飞机噪声环境标准》(GB 9660—88)，评价量为一昼夜的计权等效连续感觉噪声级。城市铁路边界噪声执行《铁路边界噪声限值及其测量方法》(GB 12525—90)，评价量为昼间、夜间等效连续A声级。

6.2 泰安市噪声环境功能区划

为做好城区噪声污染防治工作，改善城区噪声环境质量，根据《城市区域环境噪声适用区划分技术规范》(GB/T 15190—94)和市区土地利用现状，结合《泰安市城市总体规划(2011～2020年)》，2012年，泰安市人民政府办公室印发了《泰安市城区噪声环境功能区划》(泰政发［2012］21号)，对泰安市城区噪声环境功能区进行了如下划分。

1类噪声环境标准适用区：东岳大街以北至环山路，京沪高速公路以东至芝田河(不含天烛峰路以东至芝田河，东岳大街以北至北上高路范围)；天平湖片区(新规划的104国道以东至京沪铁路，泰肥铁路以北至东岳大街)。

2类噪声环境标准适用区:京沪高速公路以东至牟汶路,南天门大街以北至东岳大街;高新技术产业开发区片区(京沪高铁以东至迎胜路南段,一天门大街以北至南天门大街;京沪高铁以东至龙腾路,天颐湖以北至一天门大街);青春创业园片区(开元河以南至泮河大街,振华路以西至京福高速公路);满庄镇,北集坡镇。

3类噪声环境标准适用区:青春创业园片区(柿峪山路以北至泰山大街,新规划的104国道以东至金牛山路);泰山工业园片区(东岳大街以北至擂鼓石大街,天烛峰路以东至明堂路;老泰莱路以北至上高路,明堂路以东至芝田河路);高新技术产业开发区片区(一天门大街以北至南天门大街,迎胜路以东至京沪铁路;天颐中路以北至一天门大街,龙腾路以东至京沪铁路)。

4类噪声环境标准适用区:城市主干道及次干道网,包括擂鼓石大街、岱宗大街、东岳大街、泰山大街、灵山大街、田园大街、万官大街、北天门大街、南天门大街、一天门大街、天颐南路、大河路、迎胜路、龙潭路、虎山路、温泉路、双龙路、天烛峰路、博阳路、凤天路、胜利路、学院路、泰莱路、五马路、迎春路、唐訾路、南湖路、东天门大街、西天门大街、龙腾路、天颐北路、天颐中路等。京沪高速公路、京沪高速铁路(含两侧各20m)、泰莱铁路(含两侧各20m)、京沪铁路(含两侧各20m)。

随着城市的发展、规划用地性质的变化、城市总体规划的调整以及人民群众对环境保护的关注日益提高,社会发展及居民日常生活对泰安市声环境管理提出了更高的要求。2020年泰安市政府贯彻落实《中华人民共和国环境保护法》和《中华人民共和国噪声污染防治法》,根据《声环境功能区划分技术规范》(GB/T 15190—2014)和《声环境质量标准》(GB 3096—2008)等标准和规范的要求,结合《泰安市城市总体规划(2017年修订)》,对原《泰安市城区噪声环境功能区划》(泰政发[2012]21号)进行了调整。

2020年泰安市声环境功能区划范围为《泰安市城市总体规划(2011~2020年)(2017年修订)》中划定的中心城区范围:东至

科技中路、明堂路、京沪铁路、汶河西岸，北至环山路，西至京台高速公路和 104 国道，南至天颐湖北岸、徂徕山大街，面积为 207.7km^2。

其中，1 类标准适用区共 2 个片区，覆盖面积 41.970km^2；2 类标准适用区共 4 个片区，覆盖面积 75.339km^2；3 类标准适用区共 3 个片区，覆盖面积 26.081km^2；4 类标准适用区主要是城市道路中交通干线两侧区域、穿越城区的铁路两侧区域等，4a 类区域的道路共 98 条，覆盖面积 26.901km^2，4b 类区域的铁路共 4 条，覆盖面积 5.025km^2。

泰安市以改善声环境质量为核心，以保障泰安市人民享有良好的声环境为目标，以《泰安市城市总体规划》为指导，遵循城乡建设和发展的客观规律，因地制宜，统筹兼顾，综合部署，按照规划用地性质、用地现状、声环境质量现状和现行声环境功能区，调整了声环境功能区类别并加强监管，使全市噪声管理工作进入了科学化、规范化和法制化的轨道，有力保障了城乡居民正常的生活、学习和工作，为环境噪声执法、污染源治理、环境规划等提供了有力依据。

6.3 泰安市噪声环境现状

2020 年泰安市全市道路两侧交通噪声昼间长度加权平均等效声级均值为 67.4dB（A），同比下降 0.8dB（A），2020 年度道路交通噪声强度为一级，声环境质量为好，与 2019 年度基本持平。

2020 年泰安全市昼间区域环境噪声平均值为 57.0dB（A），区域声环境质量为三级，声环境质量一般，与 2019 年度相比，基本持平。

为切实解决群众反映强烈的社会生活噪声扰民问题，2023 年泰安市公安局进一步扛牢秩序，治理主责主业，继续组织开展社会生活噪声扰民违法行为专项治理行动。对以下 5 类噪声扰民违法行为进行重点治理。

① 广场舞噪声：违反当地公安机关管理规定，在城市市区街道、广场、公园等公共场所组织娱乐、集会等活动，产生干扰周围生活环境的过大音量的。

②“暴走团”扰民：既违反道路交通安全法律、法规关于道路通行的规定，又属于产生噪声干扰他人正常生活的违法行为。

③ 饲养动物噪声：饲养动物产生噪声干扰他人正常生活的，或者放任动物恐吓他人的。

④ 机动车音响设备：机动车辆不按照规定使用音响设备的。

⑤ 商业噪声招揽顾客：在商业经营活动中使用高音广播喇叭或者采用其他发出高声的方法招揽顾客造成环境噪声污染的。

6.4 噪声污染防治措施

6.4.1 健全法律法规，完善污染监测体系

2021 年 12 月 24 日，十三届全国人大常委会第三十二次会议通过《中华人民共和国噪声污染防治法》（自 2022 年 6 月 5 日起施行），以法律形式对噪声排放标准、噪声污染源头预防、噪声污染惩处等方面作出了明确规定。《噪声法》规定，国务院生态环境主管部门和国务院其他有关部门，在各自职责范围内，制定和完善噪声污染防治相关标准，加强标准之间的衔接协调；国务院生态环境主管部门制定国家声环境质量标准，将以用于居住、科学研究、医疗卫生、文化教育、机关团体办公、社会福利等的建筑物为主的区域，划定为噪声敏感建筑物集中区域，加强噪声污染防治。

2023 年，生态环境部等 16 个部门和单位联合印发了《“十四五”噪声污染防治行动计划》（以下简称《行动计划》）。《行动计划》共十章 50 条，构建了“1＋5＋4”的框架体系：实现“1”个目标，持续改善全国声环境质量；深化“5”类管控，推动噪声污染防治水平稳步提高；强化“4”个方面，建立基本完善的噪声污

染防治管理体系。通过实施噪声污染防治行动，基本掌握重点噪声源污染状况，不断完善噪声污染防治管理体系。提出到2025年，全国声环境功能区夜间达标率达到85%，推动实现全国声环境质量持续改善。

泰安市应进一步深入剖析城市实际情况和自身特点，整合资源、积极创新，因地制宜建立环境自动监测网络，建设噪声网格化监测体系，整合噪声电子地图、声环境监测和噪声投诉等数据，建设"数智噪声"平台，开展噪声地图试点，提升噪声智慧监督管理能力。

6.4.2 强化科学规划，创新污染防治途径

为积极防治噪声污染，改善城区噪声环境质量，2020年泰安市政府对声环境进行了功能区划。泰安市可进一步科学统筹城市建设规划和环境规划，控制城市人口的数量及分布，合理布局城市生活居住、文化教育、工业发展、商业活动等使用功能分区，规划土地用途和建设布局，设定防噪声距离，加强噪声的源头治理。

2021年生态环境部印发了《国家先进污染防治技术目录（大气污染防治、噪声与振动控制领域）》，在全国范围内推广阵列式消声器等多项先进的噪声与振动污染防治技术，旨在进一步提高我国噪声污染防治水平。对噪声污染严重的落后设备装置实行淘汰制度，加强设备减震降噪等方面技术创新研究，推动低噪声设备与产品的研发，助力营造更安宁的工作与生活环境。

泰安市可针对不同的噪声源、传播形式与媒介，分类施策，采取适用的、具有针对性的防治手段。如：目前降低城市交通噪声的方法主要有增加缓冲区、设立隔离带、建立声屏障等，部分地区采用建设相当密度的绿色植物带，不仅具有优化生态环境、释氧滞尘的作用，还可以降低10～15dB的交通噪声，比人工屏障效果更加显著。减少室内噪声通常采用吸声和隔声技术，将噪声限制在一个封闭的空间里或采用材料来隔断声音的传播，主要包括隔声窗户、

隔声门、隔声屏障、隔声罩和隔声室。地基振动中产生的固体声音，可采用隔振、减振等技术，使用阻挡减振法控制从物体表面发出的声音。

6.4.3 加强防治宣传，提高全民防范意识

每年的中高考日，泰安市为切实做好中高考期间环境保障工作，确保广大考生有一个安静的学习、休息和考试环境，泰安市生态环境局开发区分局开展“为考生送安静”专项保障行动，从工业企业生产噪声、施工工地施工噪声、社会生活噪声等噪声源方面，对所有可能产生噪声污染的单位和个人加大监管，采取有效措施，防止产生各类环境噪声污染。对隐患敏感点位提前介入，通过约谈、预警等方式宣传关于噪声管控方面的法律法规，督促相关责任单位做好噪声污染防治工作。同时，畅通环境违法举报渠道，市民发现噪声污染及其他环境违法问题，可以拨打泰安市政务服务热线或泰安市生态环境局开发区分局环境有奖举报电话反映，工作人员将第一时间进行调查处理。

在每年一度的世界环境日、国际噪声关注日等时间节点，泰安市结合《噪声法》，借助网站、电视台、微信、微博等渠道，组织“实验室开放日”等丰富多彩的形式，广泛宣传噪声污染防治的法律、法规和政策，提升大众声环境保护意识，加强对噪声污染的舆论监督，形成“违法必究”的高压态势，营造共建共治共享的社会治理格局。

6.4.4 加强噪声监管，打造良好声环境

理顺噪声污染防治监督管理机制，加强相关部门监督管理和协作配合意识，建立形成联合监管长效机制，明确和细化噪声管理职责与处罚权限，强化属地主动担当和为民服务意识，实行目标责任制和考核评价制度等规定，采取信用惩戒、智慧监管、畅通投诉渠道等方式，加强噪声污染监督管理，推进线上线下检查与项目信用

评分挂钩，用信用评价机制严管违法违规建筑施工行为。

夯实企业主体责任，加强监督管理，设置噪声污染的在线监测系统，对企业内噪声污染的相关数据进行呈报，生态环保部门要加快推动在线监测制度的优化，筛查数据可靠性。依法从严处理噪声污染事件，增强企业主体责任和遵纪守法意识，以“长出牙齿”的法律守护生活安宁。

工业噪声污染防治方面，严控噪声敏感建筑物集中区域建设产生严重噪声污染的企业，对于噪声超标排放扰民的工业企业采取停产、罚款、限期治理、搬迁等措施，按规定征收相关的环境保护税。

建筑施工噪声污染防治方面，严格控制建筑施工时间，施工现场建设隔声降噪设施；有条件的地区，通过安装噪声自动监测设备加强监管；部分地区采取调整施工作业时间、支付补偿金等措施。

交通运输噪声污染防治方面，从车辆限行管理、淘汰不合格和过期报废车辆、设禁鸣区和限速区、分流城市交通干道车流、选择低噪声低振动的轨道车辆和轨道设施等方面加强源头预防，从加装声屏障及生态隔离带等方面强化噪声隔离防治措施；通过优化飞机飞行程序、航班运行管理水平、对噪声敏感建筑物采取隔声降噪措施、加强噪声监测等，减轻飞机噪声对机场周围区域的影响。

社会生活噪声污染防治方面，强化部门联动，开展多部门联合专项整治行动；提升居民自治管理噪声的意识，减少广场舞噪声扰民。

第7章 泰安市固体废物防治研究

固体废物是指在生产、生活和其他活动中产生的丧失原有利用价值或者虽未丧失利用价值但被抛弃或者放弃的固态、半固态和置于容器中的气态的物品、物质，以及法律、行政法规规定纳入固体废物管理的物品、物质。大体可分为工业固体废物、农业固体废物和生活固体废物三大类。工业固体废物包括采矿废石、冶炼废渣、各种煤矸石、炉渣及金属切削碎块、建筑用砖、瓦、石块等；农业固体废物包括农作物的秸秆、牲畜粪便等；生活固体废物即生活垃圾。

7.1 泰安市工业固体废物治理现状

一般来说，工业固体废物是指工业生产过程中产生的固体形态的废弃物。工业固体废物具有以下性质：①工业生产企业都会有工业固体废物产生；②工业固体废物对环境造成的危害需要很长一段时间才可以检测到，甚至需要十几年或者更久才能显示其污染性；③许多工业固体废物可以作为有效的回收资源进行二次利用。

近年来，泰安市的工业经济蓬勃发展，2022 年工业发展稳步向好。规模以上工业实现增加值比上年增长9.0%，37个工业行业大类有23个实现正增长，增长面为62.2%。计算机、通信和其他电子设备制造业，皮革、毛皮、羽毛及其制品和制鞋业，食品制造业，电力、热力生产和供应业，纺织服装、服饰业5个行业实现较快增长。规模以上工业实现营业收入2897.4亿元，增长5.1%，实现利润总额142.9亿元，下降7.2%。建筑业优势明显。资质以上建筑业实现总产值1272.9亿元，比上年增长8.8%；省外市场持续扩大，资质以上建筑业企业实现省外产值668.8亿元，比上年增长5.7%，占建筑业总产值的52.5%，其中北京、河北、山西、天津、江苏占省外产值的37.9%。

泰安市工业经济快速发展的同时也随之产生了一些问题，特别是工业固体废物的产生量在逐年攀升，且产生速度远远高于其他类型废物，严重威胁着环境安全和人民健康。因此，必须对工业固体废物现状进行合理分析，制定防治措施，将其造成的危害降到最低。

2022年，泰安市全市一般工业固体废物产生量1114.25万吨，综合利用量866.78万吨，利用往年贮存量37.40万吨，处置量109.58万吨，处置往年贮存量3.57万吨（表7-1）。

表7-1 工业固体废物产生、处置、利用情况统计

单位：万吨

种类	产生量	综合利用量	处置量
工业固体废物	1114.25	866.78	109.58

2022年，全市产生量前五位的工业固体废物依次为：冶炼废渣、粉煤灰、炉渣、尾矿、煤矸石，以上5种工业固体废物产生量占全市工业固体废物产生总量的70.91%。产生量居首位的工业固体废物为冶炼废渣，产生量为244.31万吨，占全市工业固体废物产生总量的21.93%（表7-2）。

表 7-2　主要工业固体废物统计

指标 产量排名	种类	产生量 /万吨	产生量比率 /%	综合利用量 /万吨	利用往年贮存量 /万吨
1	冶炼废渣	244.31	21.93	244.31	0
2	粉煤灰	194.51	17.46	156.27	0.014
3	炉渣	158.75	14.25	106.40	0.025
4	尾矿	96.70	8.68	96.70	0
5	煤矸石	95.85	8.60	125.90	37.35

7.2　泰安市危险废物治理现状

根据《中华人民共和国固体废物污染环境防治法》的规定，危险废物是指列入国家危险废物名录或者根据国家规定的危险废物鉴别标准和鉴别方法认定的具有危险特性的固体废物。根据废物产生和处理的不同环节，危险废物可以分为以下几类：工业生产废物，如有毒有害化学品废料、废油、废水、废弃原材料等；医疗卫生废物，包括医疗机构、实验室等环节产生的废弃物品和污染物；农药废弃物，如过期、损坏、过剩等不再使用的农药，以及农业生产过程中产生的废弃物和污染物；放射性废物，如医学、科研、电子工业等领域产生的放射性废物；建筑垃圾，如旧砖、旧混凝土、旧沥青等建筑废弃物；电子垃圾，如废旧电池、废旧电视机、废旧手机等电子产品废弃物；交通运输废物，如废弃车辆、废旧轮胎、废旧燃油等。

泰安市对危险废物产生单位，严格执行危险废物申报登记制度。2022 年制定下发《泰安市“十四五”危险废物规范化环境管理评估工作方案》《泰安市“十四五”工业固体废物污染环境防治工作规划》和《2022 年泰安市危险废物规范化管理评估工作方案》，对全市 146 家重点涉危险废物企业进行现场检查考核，完成各县市区危险废物规范化管理评估。全市危险废物规范化管理现场抽查合格率达到96.10%。

2022年危险废物申报登记统计结果显示，全市共有危险废物产生单位895家，危险废物经营单位30家。2022年，泰安市全市工业危险废物产生量24.54万吨，利用及处置量24.16万吨，贮存量0.68万吨（表7-3）。

表7-3 危险废物产生处置情况统计 单位：万吨

种类	产生量	利用及处置量	贮存量	上年度遗留量
危险废物	24.54	24.16	0.68	2.19

2022年，泰安市全市共产生31大类危险废物，其中产生量占前五位的分别HW11精（蒸）馏残渣、HW18焚烧处置残渣、HW04农药废物、HW31含铅废物、HW34废酸，分别占产生总量的49.35%、19.92%、9.25%、5.0%、4.09%。泰安市主要工业危险废物产生量居前5位的企业产生量占全市2022年度危险废物产生总量的58.53%。泰安市强化全市危险废物综合收集、利用、处置能力建设，截至2022年年底，全市建成危险废物经营企业30家，基本达到危险废物辖区内处置的能力要求（表7-4）。

表7-4 危险废物产生情况统计表

指标 产量排名	危险废物代码	种类	产生量 /t	产生量比率 /%
1	HW11	精(蒸)馏残渣	121079.8729	49.35
2	HW18	焚烧处置残渣	48880.57	19.92
3	HW04	农药废物	22687.166	9.25
4	HW31	含铅废物	12266.3331	5.0
5	HW34	废酸	10039.4701	4.09

加强对医疗废物处置过程的环境监管，对泰安市全市辖区医疗废物产生、处置情况采取“日调度”，定期对医废处置中心分类管

理、收集登记、暂存转运等重要环节进行现场检查，协调交通运输、卫生健康部门全力做好医废交接、道路运输保障工作。2017年以来，泰安市生态环境局探索引入“互联网＋”技术信息化手段，在医疗废物处置中心安装视频监控设施，在所有医疗废物运输车上安装GPS（全球定位系统）定位设备，实现对全市医疗废物运输处置的实时监管。泰安市各医疗机构产生的医疗废物经统一收集后，全部送往泰阳环保服务有限公司进行集中焚烧处置。泰安市生态环境局要求在处置中心的医疗废物暂存间、处置车间及废气排放口安装在线监控设施，并将监控画面实时传输到市生态环境局监控平台，既实现了异地远程实时监控，也可随时对医疗废物处置过程进行监控回放和录像调取。

通过远程实时监控，生态环保部门能够及时准确地了解医疗废物的贮存、交接、处置，以及医疗废物暂存处的清洗、消毒等情况，及时发现存在的问题，确保医疗废物得到安全处置，大幅度提高了环境监管效率。泰安市还在医疗废物处置中心建立了GPS车载监控管理系统，实时监控危险废物运输的各个环节，实现医疗废物运输车辆的远程控制、全过程信息跟踪和可追溯。一旦发生车辆故障或其他运输问题，监管平台能够及时对车辆进行远程开断油控制，并在最短的时间内派出后备车辆进行支援，有效杜绝医疗废物流失、泄漏、扩散及非法处置现象的发生。

2022年度泰安市共产生医疗废物8722.99t，全年启动医疗废物处置应急响应2次，全部实现“日产日清”，由泰安市泰阳环保服务有限公司集中收集安全处置。全市共有256家医疗单位与医疗废物处置中心签订了集中处置协议，乡镇及乡镇以上医疗机构已基本纳入集中处置范围。2022年辖区内未发生因环境监管不力导致的涉危险废物突发事件。

2022年，泰安市为保障全市危险废物环境管理形势安全稳定，切实防范和化解危险废物收集、贮存、利用、处置等环节安全风险隐患，开展了危险废物环境风险隐患排查治理“百日攻坚”、规范化管理评估、停工停产企业排查、废弃危化品风险治理等专项行动，分企业自查自改、各县（市、区）全覆盖检查、市级督导抽查检查三个阶段进行。对 636 个企业和 3706 个村居开展工业固体废物排查整治“回头看”和历史遗留问题“大走访”，限期整治环境安全隐患 249 处，组织重点单位和人员共计 106053 人进行全员危险废物环境安全警示教育，引导重点单位、重点人群牢固树立“底线思维”和“红线意识”，时刻绷紧安全生产、环境保护思想弦。

排查整治范围包括全市范围内危险废物经营单位、危险废物产生单位、跨省接收一般工业固废企业、工业固体废物特别是危险废物非法贮存、倾倒和填埋点位。危险废物经营单位主要包括危险废物利用单位，危险废物焚烧单位（含自建焚烧处置设施的产生单位），水泥窑协同处置单位，医疗废物处置单位。危险废物产生单位主要包括化工、医药制造、有色金属冶炼、电镀、电池制造等重点行业企业。跨省接收一般工业固体废物企业。工业固体废物特别是危险废物非法贮存、倾倒和填埋点位主要包括废弃矿井、窑坑、土地复垦区域、闲置厂房、院落，历次检查发现的非法贮存、倾倒点位等。

专项行动组织全市涉及危险废物企业对危险废物收集、贮存、利用和处置的每个部位、每个环节、每个岗位开展全面自查，针对自查发现问题，边查边改、立行立改，降低环境风险，严防事故发生。各县（市、区）分局按照“边排查、边整治、边打击”的要求，对辖区内重点单位、重点区域进行全覆盖检查。市局成立危险废物专项检查组，对各县（市、区）危险废物产生单位、经营单位、跨省接收固体废物企业进行现场抽查检查，对村（居）废弃矿井、窑坑、土地复垦区域、闲置厂房、院落进行现场核查，并将根据问题整改落实情况进行重点督办，确保高质量完成排查整治任务。

7.3 泰安市生活垃圾治理现状

7.3.1 生活垃圾分类要求

我国《固体废物污染环境防治法》规定，生活垃圾是日常生活中或者为日常生活提供服务的活动中产生的固体废物，以及法律、行政法规规定视为生活垃圾的固体废物。我国生活垃圾分类的具体分类标准，自垃圾分类实行以来，随着经济社会发展水平和生活垃圾处置技术发展水平，始终处于不断调整和修改中。国家、省、市文件制度相继出现了有害垃圾、可回收物、餐厨垃圾、厨余垃圾、易腐垃圾、可堆肥垃圾、可燃垃圾、其他垃圾、专业垃圾、干垃圾、湿垃圾、大件垃圾等相关术语。

2008 年发布的《生活垃圾分类标志》规定了生活垃圾分类标志由大类、小类共 14 个垃圾类别组成，大类分为可回收物、有害垃圾、大件垃圾、可燃垃圾、可堆肥垃圾、其他垃圾，小类分为纸类、塑料、金属、玻璃、织物、瓶罐、电池、餐厨垃圾。住房和城乡建设部将生活垃圾分类为有害垃圾、干垃圾、湿垃圾和可回收物。山东省住房和城乡建设厅规定城市生活垃圾按照有害垃圾、可回收物、厨余垃圾、专业垃圾、其他垃圾进行分类。

2019 年住房和城乡建设部发布《生活垃圾分类标志》（GB/T 19095—2019）替换 2008 年发布的《生活垃圾分类标志》（GB/T 19095—2008），规定了生活垃圾分类为 11 个小类和 4 个大类。11 个小类分别是纸类、塑料、金属、玻璃、织物、灯管、家用化学品、电池、家庭厨余垃圾、餐厨垃圾、其他厨余垃圾。4 个大类的名称和定义分别为：可回收物，表示适宜回收利用的生活垃圾；有害垃圾，表示《国家危险废物名录》中的家庭源危险废物，包括灯管、家用化学品和电池等；厨余垃圾，也可称为“湿垃圾”，表示易腐烂的、含有机质的生活垃圾，包括家庭厨余垃圾、餐厨垃圾和其他厨余垃圾等；其他垃圾，也可称为“干垃圾”，表示除可回收物、有害垃圾、厨余垃圾外的生活垃圾。目前全国各地普遍讨论的生活垃圾分类皆以 4 个大类为分类方式。

7.3.2 泰安市城市生活垃圾治理研究

泰安市较早就树立了垃圾分类理念，2004年5月，泰安市发布《泰安市城市市容和环境卫生管理办法》，明确了环境卫生管理、责任、设施建设、垃圾管理的要求和监督检查、处罚标准，为加强城市管理提供了政策依据。2004年9月，泰安市物价局、泰安市财政局、泰安市建设局联合印发了《关于调整泰安市城市生活垃圾处理费收费标准的通知》，实行新的垃圾处理费收费标准。2007年，泰安市制定《泰安市节能减排综合性工作实施方案》，提出要全面推进城市生活垃圾分类体系建设，发展垃圾综合利用技术；要强化垃圾处理设施运行监管；提高垃圾处理收费标准，改进征收方式。

2010年，泰安市政府印发《城乡整洁健康泰安行动方案》，对垃圾无害化处理率和垃圾分类收集处置设施明确了“城市生活垃圾无害化处理率达到90%以上，村镇生活垃圾无害化处理率达到80%以上”的目标任务和具体行动要求。2010年9月，泰安市出台《泰安市城市生活垃圾处理费征收管理办法》，详细规定了城市生活垃圾处理费的征收范围、管理部门职责、收费标准、代收规定、免缴条件、罚款数额等。

2011年泰安市启动垃圾分类治理试点工作，出台《泰安市生活垃圾分类减量化工作实施意见》，明确了生活垃圾类减量的总体目标、保障措施和工作要求。为了确保工作有序推进，泰安市积极开展调研工作，有针对性地对城区部分学校和社区、小区的生活垃圾情况进行了调查摸底，选定国华经典小区、国华时代小区、广生泉社区等16处区域划为市级垃圾分类收集试点，主要涵盖社区和高校。

2012年4月，泰安市人民政府印发了《关于进一步加强生活垃圾处理工作的意见》，明确了全市垃圾分类收集和城乡生活垃圾无害化处理的工作目标。2012年6月，山东省住房和城乡建设厅印发《关于公布全省首批城市生活垃圾分类减量试点城市（区）的通知》，将泰安市列为全省第一批城市生活垃圾分类减量试点城市之一；同年10月，泰安市被财政部和国家发展和改革委员会确定为第二批餐厨垃圾资源化利用和无害化处理试点城市之一。泰安市把垃圾分类工作作为“推进富民强市、建设幸福泰安”的一项具体内容；2012年11月，市政府印发《关于推进全市垃圾分类收集处理工作的通知》，成立了以分管市长为组长，市直21个部门为成员的领导小组，确定了具体工作目标。

2013年，泰安市出台《泰安市城市建筑垃圾处置管理办法》，实现了建筑垃圾统一监管和统一处置，明确了对建筑垃圾乱拉乱倒、私设处置场地、随意抛撒等行为的处罚措施和具体要求。2014年出台《泰安市餐厨废弃物管理办法》，明确了分类收运、处置标准和要求，对餐厨废弃物进行统一收集、运输、处置，使生活垃圾分类工作做到了法规护航、规范运作。2015年，住房和城乡建设部等5部门印发通知，泰安市等26个城市被确定为第一批生活垃圾分类示范城市，各示范城市在试点小区基础上，不断扩大实施范围，完善收运体系，推进垃圾分类。

2017年，国家发布《生活垃圾分类制度实施方案》，泰安市等全国46个城市要在城区范围内实施生活垃圾强制分类。同年8月，泰安市印发《泰安市生活垃圾分类工作实施方案》，明确建立健全生活垃圾分类管理政策法规体系、标准和评价考核体系、投放收集运输处置长效运行体系、分类资源化利用体系、广泛参与的群众教育引导体系5个生活垃圾分类体系。

2017年9月，泰安市印发《泰安市生活垃圾分类示范工程建设实施方案》，在全市中心城区和县（市、区）选取10个居民小区、10个行政企事业机构、10个学校、10个医院、10个商场、10个农贸市场、10个宾馆、10个餐饮饭店、10个窗口服务单位以及10个乡镇共计100个单位，实施泰安市城市生活垃圾分类治理问题研究生活垃圾分类示范工程建设，经过前期摸底调查、宣传走访、培训座谈，建设过程中完善设施配套、市民引导、日常管理、分类运输、分类处置等各个环节，建立了科学适用的生活垃圾分类体系。泰安市环境卫生主管部门制定了《泰安市餐厨废弃物综合利用项目运营监管办法》《泰安市生活垃圾分类技术导则》《生活垃圾分类收集管理及考核办法》等技术标准和管理办法，进一步明确生活垃圾分类操作规范、监管办法和考核要求，保障生活垃圾分类工作规范操作，平稳运行。

2018年泰安市机关事务管理局、泰安市卫生健康委员会、泰安市教育局分别印发在公共机构、医疗机构、教育机构推进生活垃圾分类管理工作的通知，明确工作目标，完善工作机制，强化责任落实，进一步落实公共机构开展生活垃圾强制分类的目标任务。泰安市环境卫生管理部门制定了《泰城有害垃圾收运管理制度》《关于加强生活垃圾分类收集站餐厨垃圾管理的通知》《垃圾分类积分兑换工作管理制度》等管理机制，加快推进有害垃圾收运管理、餐厨垃圾管理和积分兑换制度的管理完善。

2019年，泰安市政府发布《泰安市党政机关等公共机构生活垃圾分类实施方案》，8月下发《关于进一步明确生活垃圾分类标准的通知》，制定《公共机构生活垃圾分类设施配置要求》，要求开展“46城万人志愿者”活动，加快推进全市党政机关等公共机构生活垃圾分类工作，充分发挥其在生活垃圾分类工作中的示范引领作用，确定“2019年底前，全市两级机关、事业单位要实现垃圾分类处置工作全覆盖，2020年底前，全面完成公共机构生活垃圾分类常态化、减量化、资源化工作”的具体目标和工作任务。泰安市相关单位印发了《泰安市生活垃圾分类工作宣传方案》《“文明好秩序你我同参与”活动实施方案》《2019～2020年泰安市“美丽庭院”创建工作实施意见》等方案，广泛动员媒体、教育、妇联等部门团体参与垃圾分类的宣传发动。

7.3.3 泰安市农村生活垃圾治理研究

泰安市农村长期以来实现的是农户农业上的自给自足，农业即为当前广大农村居民的主要收入来源，由此产生的烂菜老叶通常是直接在田间堆肥，虽然农村地区已经通电，但是部分农村居民依旧采用树枝作为灶台柴火使用，农业垃圾比较少。另外，日常生活中剩菜剩饭也都是喂鸡喂鸭等。在社会经济发展进程中，农村地区居民生活中的垃圾产量也有显著加大，刘喆（2022 年）对泰安市的省庄镇、山口镇、大汶口镇、祝阳镇、东都镇、宫里镇、谷里镇、潮泉镇、桃园镇、葛石镇、乡饮乡、商老庄乡、旧县乡、大津口乡共计 14 个乡镇实施调查。调查中发现，泰安市农村生活垃圾总量中，厨余垃圾所占比例达到 70%以上，其次是可腐蚀垃圾、农村活动垃圾，另外还有副食品零售业产生的可回收垃圾。泰安市农村生活垃圾处理中，最初采用的方式即为直接丢弃或倾倒在路边，或者是露天焚烧、就地掩埋等。在针对垃圾产量分析中，将一个普通家庭的日产量为研究对象，如果对其进行露天焚烧处理，所产生的有害物质和一个正规垃圾焚烧厂相差不大，对于农村人居环境具有严重危害。长此以往农村的道路边、田间等累积的都是烟头、包装袋等垃圾，多次掩埋后依旧会暴露出来。

2010 年开始，在泰安市农村生活垃圾处理中，采用“户集、村收、镇中转、县处理”模式，村里组织人员将之前掩埋在土中的垃圾袋翻拣出来，村中统一收集垃圾，市里统一处理，显著改善了农村环境。在垃圾运输过程中，采用小型垃圾车将其转移到镇垃圾中转站，小型垃圾车并非封闭车厢，大部分厨余垃圾具有较大含水量，运输中非常容易出现渗漏情况，气味难闻，对周围环境也容易产生二次污染。在对这些垃圾进行处理的过程中，市垃圾处理厂针对混合垃圾的处理只是压缩打包填埋处理，未对其实施回收利用，既导致资源浪费，对于市垃圾处理厂来讲工作压力也较大。

泰安市自 2015 年起已实现城乡环卫一体化镇村覆盖，构建了县（区）、镇、村三级环卫管理网络，形成了“户分类、村收集、镇转运、县处理”的垃圾处理体系。同时在环卫一体化活动中引入了市场化运作模式，通过政府购买的方式将环卫服务委托给资质符合要求的环卫公司，形成了政府主导、公司参与和村民配合的多主体环卫治理模式。

2019年泰安市将农村生活垃圾治理确定为年度乡村振兴十项重点任务之一，总体目标是在实现城乡环卫一体化全覆盖的基础上，完善农村生活垃圾“户集、村收、镇运、县处理”模式，提升县级垃圾处理能力。泰安市投资4亿元，完成50%以上非正规垃圾堆放点整治，农村生活垃圾无害化处理村庄覆盖率保持100%。2022年，泰安市农村生活垃圾产生总量为62.56万吨，无害化处理率达到100%。刘喆（2022年）研究发现，当前泰安市农村生活垃圾治理中存在的问题主要为生活垃圾数量多、转运环节存在多个问题、居民对生活垃圾分类意识不足、政府部门参与力度较低、垃圾治理措施缺位。问题的原因主要为垃圾种类多样，减量化措施不到位；垃圾转运技术落后；政府部门环节教育缺失；财政资金缺口大；监管制度保障不到位。

7.3.4 泰安市全域垃圾分类新模式

2020年7月24日山东省第十三届人大常务委员会第二十二次会议批准《泰安市生活垃圾分类管理条例》，泰安市成为山东省全省首个垃圾分类立法城市。该条例自2020年11月1日起施行，共八章五十六条，旨在加强城乡生活垃圾分类管理，保护和改善城乡生态环境和保障公众健康，维护生态安全及实现生活垃圾的源头减量、无害化处理和资源化利用。将垃圾分类工作列入市对县乡村振兴战略实绩考核，构建起“全域分类、全链联动、全智监管、全面提升”的工作格局。

2022年泰安市成立了由市长任组长、分工副市长任副组长、市直有关部门单位为成员的全域垃圾分类项目工作专班，各县市区、功能区成立相应工作机构，其他市直部门按照各自职责开展工作，建立起党委政府牵头抓总的组织领导体系。

泰安市积极构建全域垃圾分类工作体系，提出了树立一个目标（“垃圾分类就是新时尚”）、抓住两个重点（示范带动和统筹兼顾）、采取三项举措（加强硬件设施投入、强化宣传引导、加强智慧监管）、建立四个机制（全域分类、全链联动、全程监管、全面提升）的“1234”工作总体思路。工作中，坚持树立全市一盘棋思想，组织市县同步开展垃圾分类工作，统筹安排各县市区、各功能区垃圾终端处理设施建设项目，因地制宜、合理布局建设生活垃圾分类处理设施，利用国家开发银行项目资金开展全域垃圾分类项目，为项目建设提供了有力的资金保障。

全面推行生活垃圾分类投放、收集、运输、处理制度，各县市区、功能区按照四分类标准，配备垃圾分类收集桶11万余个；各类生活垃圾收运车1332辆、可回收垃圾运输车112辆、厨余垃圾运输车21辆、有害垃圾运输车6辆；建成运行生活垃圾焚烧发电厂5座、厨余垃圾处理厂2座（泰城1座、新泰1座）、危险废物处理厂1座（肥城）、分拣中心2处（泰山区、高新区），基本建成全程分类收运处置体系。泰安市2022年城市生活垃圾产量58.56万吨，实现全部收集、运输和处理，无害化处理率达到100%，中心城区生活垃圾回收利用率达到36.7%。

积极探索餐厨垃圾“集中＋分散”处理方式和公交收运模式，在泰安国家农业科技园区和肥城市老城街道建立有机垃圾全产业链资源化利用示范点，对厨余垃圾处理后的沼渣、有机垃圾、污水等进行全面利用，着力打造有机垃圾生态型全产业链条。通过搭建“专业＋职业”回收渠道，实施“区中转＋资源中心集中收集”转运形式，建立起再生资源与垃圾分类“两网融合”体系，有效推进生活垃圾可回收物的回收利用，促进生活垃圾源头分类，积极推动垃圾分类收运与再生资源回收“两网融合”。

一方面，通过再生资源回收企业，在社区、单位等公共场所，收运电器、金属、塑料、纸类等高值可回收物。在医院等即时产生可回收物的场所，采用车辆驻点、定时上门回收方式收运、专业收集车辆定点巡回收集，将所有可回收物统一收运至分拣中心，完成分拣、打包，形成了“资源—产品—废弃物—再生资源”循环，实现了可回收垃圾的资源化、减量化、无害化。

另一方面，城市环卫系统有关单位及企业，在城区范围内升级改造专业分类收集站，配置660L可回收物在内的四分类收集容器，在泰城分类收集点、分类收集站配备专业管理员、分拣员引导周边社区、单位规范投放，由环卫工人开展专业分类、二次分拣，建立了一套以点、站、场为基础的可回收物回收体系，弥补了社会资本对低值可回收物收运力量不足的问题，实现“全域垃圾分类+可回收物兜底回收”。

创新工作模式，提升利用水平。用好贷款资金，实施分类项目。充分运用国家开发银行金融支持贷款，推进实施全域垃圾分类体系建设（一期）项目，在中心城区安装智能垃圾回收箱479组、垃圾分类亭1449组、宣传栏公示栏949处、监控设备578处。国家开发银行、山东省政府对泰安全域垃圾分类体系建设项目高度重视，国家开发银行总行于2021年7月19日在泰安市召开垃圾分类项目现场会，在全系统推广泰安经验。以泰安市成功入选全国40家国家级大宗固体废弃物综合利用示范基地为契机，牵头国家级大宗固体废弃物综合利用示范基地创建和循环经济产业园规划建设，计划在建筑垃圾资源化利用、新型建材等方面推进14个重点项目。

深入宣传引导，推动习惯养成。为积极推动生活垃圾分类知识进校园、进教材、进课堂，实现“教育一个孩子、带动一个家庭、文明整个社会”的良好效果，泰安市城市管理局、泰安市教育局、泰安市城市管理局环卫处、山东师范大学教育学部、泰安市实验学校五方共同签署“泰安市生活垃圾分类课题研究合作意向书”，合作编撰《垃圾分类红领巾在行动》等教学参考用书。

大学生志愿者开展了进社区、进校园、进广场等未来生活系列活动，为编写知识读本奠定了坚实基础，为市民垃圾分类习惯养成和环境保护责任担当起到了积极作用；老师通过教育引导，培养孩子们从小养成垃圾分类的习惯及爱护环境的责任心，培养未来生活垃圾分类的好习惯，形成绿色、文明、健康的未来生活方式，进一步促进泰安市城乡生活垃圾分类发展。逐步将垃圾分类纳入社区党建内容；在泰安市电视台滚动播出垃圾分类公益宣传片；制作垃圾分类公益广告，在景点、商超、公游园等部位广泛宣传；利用“泰安·微城管”拓宽多媒体宣传渠道，营造“垃圾分类人人参与 文明城市人人创建”的浓厚氛围。

7.4 泰安市“无废城市”建设现状

7.4.1 “无废城市”的概念

“无废城市”是一种先进的城市管理理念，“无废”并不是没有固体废物产生，也不意味着固体废物能完全资源化利用。“无废城市”是指通过创新生产方式和生活方式，去构建废物分类资源化利用的体系，把产生的废物通过分类资源化，让其得到再生利用，并且动员全员参与，从源头对废物进行减量和分类。

党的十八大以来，我国生态文明建设取得历史性成就，生态文明战略地位显著提升，绿色发展成效不断显现，生态环境质量明显改善，生态文明制度体系更加健全，全球环境治理贡献日益凸显，美丽中国建设迈出了重大步伐。为进一步提升固体废物综合治理能力和水平，以杜祥琬院士为首的专家提出了建设“无废城市”的建议，2018 年 12 月，国办印发试点文件，2021 年 11 月，《中共中央、国务院关于深入打好污染防治攻坚战的意见》印发，明确提出“十四五”时期，推进 100 个左右地级及以上城市开展“无废城市”建设。

2022 年 4 月，泰安市作为黄河流域重点地市，成功入选国家级“无废城市”百城创建名单，为山东全省九个地市之一。

7.4.2 泰安市“无废城市”建设措施

2022 年 11 月，泰安市政府印发实施《泰安市“无废城市”建设方案》，在全市开展“无废城市”建设工作。泰安市统筹推进的

“无废城市”建设项目主要包括工业固体废物领域项目、农业固体废物领域项目、生活源固体废物领域项目、危险废物领域项目等共计39个项目，项目总投资43.18亿元。

按照全力提升固体废物源头减量、过程监管、末端治理整体管理水平，助力新旧动能转换，加快城市全面绿色转型，促进经济社会高质量发展的目标，泰安市“无废城市”建设包括六项重点工作任务。

7.4.2.1 强化顶层设计引领，建立健全长效机制

(1) 健全完善制度体系

学习借鉴试点城市先进经验与模式，将“无废城市”建设与城市发展深度融合。制定工业固体废物利用处置、农业固体废物回收利用、生活垃圾分类、建筑垃圾资源化利用、再生资源回体系建设等制度标准。将固体废物分类收集及无害化处置设施纳入环境基础设施和公共设施范围。围绕国家“无废城市”指标要求，构建市级“无废城市”指标体系，细化目标任务，明确职责分工，强化协同联动，扎实推进“无废城市”建设工作。

(2) 加强信息化监管能力

构建覆盖全市工业固体废物、农业固体废物、生活垃圾、再生资源、建筑垃圾、危险废物等的固体废物信息化管理系统，完善固体废物数据采集分析、全程跟踪、风险预警等功能。探索规范各类固体废物数据统计范围、口径和方法，推动固体废物精细化管理。充分运用大数据、物联网、云计算等技术，实现固体废物产生、收集、贮存、运输、利用、处置全生命周期监管，全面提升管理水平。

7.4.2.2 加快工业领域低碳绿色发展，推动工业固体废物资源化利用

(1) 推动低碳化清洁化发展

构建“441X”现代产业体系，推行产业链“链长制”管理。

认真落实“碳达峰、碳中和”要求，严格落实产能、能耗、煤耗、碳排放、污染物排放“五个减量替代”，加快化工、新材料、钢铁、煤炭等高耗能产业转型升级，降低单位产品能耗、物耗和废物排放强度。探索打造新泰、肥城采煤沉陷区光伏发电基地，推动可再生能源多元化、协同化、规模化发展。积极探索氢能应用，推动储备能源提效。加大清洁生产投入，大力推广清洁生产先进工艺、技术和装备。以能源、钢铁、焦化、建材、化工、印染、造纸、原料药、电镀、农副食品加工、工业涂装、包装印刷等行业为重点，深入推进清洁生产审核，重点行业企业强制性清洁生产审核评估验收实现全覆盖。

(2) 持续构建绿色制造体系

创建绿色设计产品、绿色工厂、绿色园区，引导企业建设绿色设计平台、应用绿色工艺与材料、开发绿色产品。鼓励家用电器、医药、食品、轻工、建材、机械、汽车、化工、装备制造等重点领域建立绿色制造系统，推动优势骨干企业建设绿色工厂。到 2025 年年底，力争创建省级及以上绿色工厂 15 家。以建设新泰循环经济产业园、中韩（肥城）绿色园区、宁阳绿色循环经济产业园、东平九鑫电镀加工中心为重点，大力实施园区循环化改造工程，加快推进循环经济示范园区建设。到 2025 年年底，省级以上经济开发区全部完成循环化改造。支持基础设施完善、绿色化水平高的省级以上经济开发区、大型企业集团打造“无废园区”“无废工厂”。支持各开发区搭建资源共享平台、固体废物交换平台，促进资源高效利用，固体废物区内流转。

(3) 扩大一般工业固体废物利用规模

积极开展历史遗留固体废物排查、分类整治。加强煤矸石井下充填回填等综合利用技术的研发推广，减少一般工业固体废物贮存和处置量。发挥钢铁行业消纳处理大宗固体废物的功能，推动钢渣、水渣、含铁尘泥的回收综合利用，促进废旧金属循环利用。依托泰安市工业副产石膏规模化利用产业优势，探索建立区域性工业副产石膏利用消纳中心，完善生产技术标准体系，提升行业竞争力。支持企业与高校、科研院所进行“产学研”联合，突破共性关键技术，推动综合利用科技成果的应用与转化。到2025年年底，全市一般工业固体废物综合利用率达到90%。

（4）加快绿色矿山建设

科学制定绿色矿山建设计划及目标，加快生产矿山改造升级。对绿色矿山实行动态监管，进一步巩固提升建设成果。到2025年年底，现有大型、中型、小型生产矿山绿色矿山建成率分别达到90%、80%、70%，新建矿山达到绿色矿山建设标准；推进停用尾矿库闭库治理，完成全市停用尾矿库闭库销号。

7.4.2.3 促进农业绿色发展，提升主要农业固体废物综合利用水平

（1）推进农牧循环发展，加快畜禽粪污资源化利用

以农业固体废物资源化利用为核心，加快建设种养结合基地，大力发展生态循环农业。鼓励大型养殖场自行处理粪污，中小型养殖场（户）采取粪污全量还田模式，就地就近消纳和利用。以就近还田利用为重点，培育粪肥收集、运输、处理、还田社会化服务组织，探索建立市场化的受益者付费机制。支持岱岳区、新泰市、肥城市、宁阳县采取政府和社会资本合作（PPP）模式，引入第三方畜禽养殖粪污集中处理中心，提高粪污集中收集和资源化利用能力。2022年泰安市全市畜禽粪污产生量556.66万吨，处理利用量524.12万吨，畜禽粪污综合处理利用率94.15%。建立健全病死畜禽无害化处理体系，到2025年年底，全市畜禽粪污综合利用率稳定在90%以上。

（2）优化秸秆利用，建立健全秸秆收集储运体系

深入推进秸秆利用重点县建设，肥城市、宁阳县至少建设2个以上秸秆综合利用示范展示基地。大力推广秸秆反应堆、秸秆固化成型燃料、深翻还田、捡拾打捆、秸秆离田多元利用等技术，扩大秸秆肥料化、饲料化和能源化利用规模，不断拓宽基料化、原料化

利用途径。探索尾菜资源化利用，大力发展预制菜产业，发展产地净菜加工。建立政府推动、秸秆利用企业和收储组织落实、经纪人参与、市场化运作的秸秆收储运体系，推动形成布局合理、多元利用的发展格局。到 2025 年年底，秸秆综合利用率稳定在 95%以上。

（3）推动源头减量，建立农用薄膜回收贮运网络与回收利用机制

落实地膜污染属地监管责任，加强产品质量监督，积极推广全生物可降解地膜使用替代技术，鼓励引导农业生产者使用生物可降解地膜，厚度大于 0.01mm 的聚乙烯地膜，推动农用薄膜源头减量。加快农用薄膜回收贮运网络与可再生资源、垃圾处理、农资销售网络等融合发展，提升回收储运效率。建立以旧换新、经营主体上交、专业化组织回收、加工企业回收等回收利用机制，探索建立地膜生产者责任延伸制度，完善农田残留地膜污染监测网络，将农用薄膜回收率和残留状况纳入农业面源污染综合考核。2022 年泰安市全市废弃农膜产生 6713.5t，处置量 6109.3t，回收率为 91%，回收方式以人工捡拾为主，回收后的主要处置方式是企业回收利用、纳入生活垃圾处理体系、焚烧。到 2025 年年底，基本建成覆盖全市的农用薄膜回收贮运网络，农用薄膜回收率达 92%以上。

（4）持续减量施用化肥农药，强化农药包装废弃物回收利用

大力推广增施有机肥、种植绿肥等技术，建设化肥减量增效技术服务示范基地。推广使用绿色增产技术和新型植保机械，推行精准高效施药、轮换用药技术。到 2025 年年底，化肥施用量较 2020 年减少 6%，农药施用量较 2020 年减少 10%。建立健全农药包装物回收处理激励引导机制，探索推动生产者责任延伸制度，构建“谁使用谁交回、谁销售谁收集、专业机构处置、市场主体承担、公共财政补充”的农药包装废弃物回收处置体系。到 2025 年年底，农药包装废弃物回收率达到 50%以上。

7.4.2.4 倡导绿色生活，促进生活源固体废物减量化、资源化

(1) 大力推行绿色低碳生活方式

以机关、学校、饭店、宾馆、景区、商场、市场、社区、医院等为重点，组织开展“无废细胞”建设活动，制定“无废细胞”建设规范及行为守则，打造“无废细胞”典型场景。积极开展“无废生活”宣传，引导公众在衣食住行等方面践行简约适度、绿色低碳的生活方式，落实“光盘行动”倡议。

(2) 深入推进生活垃圾分类

在具备条件的小区推行定时定点投放收集；在农村推广就近处理，实现有机垃圾不出村；在中心城区打造收运企业-社区（小区）点对点收运体系，逐步向县（市、区）、功能区推广。加大垃圾运输环节监管力度，防止生活垃圾“先分后混”“混装混运”。定期对全市分类投放、收集设施进行全面排查，督促责任单位加大资金投入，持续强化前端收集设施维护、管理。大力推进“集中＋分散”处理模式，强化非居民厨余垃圾集中处置；坚持因地制宜、循序渐进原则，探索建立居民厨余垃圾分类模式。到2025年年底，建成全域垃圾分类体系，农村地区生活垃圾分类覆盖率达到100％，全域生活垃圾回收利用率达到35％。

(3) 加强污泥资源化利用及全流程管控

指导城市污水处理厂加大污泥浓缩、调理和脱水等流程技术改造力度，提高污泥脱水率，实现源头减量。推广焚烧、养殖、建材利用等无害化处置路径。强化对城市生活污水处理厂污水污泥处置利用全流程监管，确保污泥实现100％无害化处置利用。

(4) 规范再生资源回收利用体系

探索“互联网＋”管理模式，完善可回收物综合回收利用体系和废旧物资回收网络。因地制宜新建和改造提升绿色分拣中心，推动废旧物资回收专业化、规范化。

(5) 推进快递包装治理

组织开展快递行业塑料污染治理，持续减少不可降解塑料制品

使用量，到2025年年底，全面禁止邮政快递网点使用不可降解塑料制品。大力倡导使用绿色包装，鼓励收寄、配送、分拣、运输等环节使用可循环、可折叠包装产品和新能源配送工具，推广使用电子运单、循环化封套、绿色环保包装材料和填充物等。到2025年年底，快递绿色包装使用比例达到95%。

(6) 大力发展绿色建筑

城镇新建民用建筑全面执行绿色建筑标准；政府投资或以政府投资为主建设的公共建筑及其他大型公共建筑，按照二星级以上绿色建筑标准建设。积极推动绿色建筑全过程监管，不断扩大绿色建筑强制性标准执行范围。到2025年年底，绿色建筑占城镇新建建筑的比例达到100%。政府投资项目、新建公共租赁住房、棚户区改造、城中村改造及地下管廊等项目全面实施装配式建造。到2025年年底，装配式建筑占城镇新建建筑的比例达到40%。

(7) 健全建筑垃圾收集和利用体系

优化整合建筑垃圾运输和智慧工地管理平台，合理调配建筑工地渣土，实现区域内信息共享。制定《泰安市装修垃圾收运导则》，引导住宅小区物业或社区规范管理装修垃圾。积极开展建筑垃圾摸底清查与统计，强化对建筑垃圾产生、运输、利用等环节的监管。合理布局建筑垃圾消纳、资源化利用等设施，利用山体修复、矿坑回填、项目自身回填等方式，鼓励各县（市、区）、功能区建设高质量建筑垃圾资源化利用项目。到2025年年底，建筑垃圾资源化利用率达到70%。

7.4.2.5 加强能力建设，切实防控危险废物环境风险

(1) 优化危险废物收集利用处置体系

严格执行危险废物经营许可证审批程序，落实不达标退出机制，切实加大对现有经营单位的监管力度。以废矿物油、废铅蓄电池、实验室废物等为重点，开展小微企业、科研机构、学校等场所产生的危险废物收集转运服务，实现社会源危险废物收集处置体系覆盖率达到100%。推动生产企业依托销售网点回收铅蓄电池等危

险废物。探索建设区域性废弃电器电子产品拆解处理设施，鼓励有条件的企业在泰安市建设废弃电器电子产品拆解处理设施。提升企业、园区危险废物自行利用处置能力和水平，鼓励钢铁、焦化等大型企业根据需要配套建设高标准的危险废物利用处置设施。探索引进水泥窑协同处置生活垃圾焚烧飞灰技术和项目，减少生活垃圾焚烧飞灰填埋量。到2025年年底，工业危险废物综合利用率达到70%，工业危险废物填埋处置量下降10%。

（2）提升医疗废物管理能力

加强医疗废物源头分类管理，建立医疗废物申报制度。健全县域医疗废物收集转运处置体系并覆盖农村地区。统筹新建、在建和现有各类固体废物协同处置设施等资源，建立医疗废物协同应急处置设施清单，完善处置物资储备体系，优化提升重大疫情医疗废物应急处置保障能力。推进泰安市医疗废物处置中心三期项目建设，提升医疗废物处理处置能力。

（3）加强危险废物环境监管

动态更新危险废物重点监管单位清单。以焦化、钢铁和化工等行业为重点，支持研发和引进工业危险废物源头减量工艺设备。严格落实黄河流域“清废行动”要求，持续开展以危险废物为重点的工业固体废物排查整治。推动危险废物经营单位投保环境污染责任保险。开展无汞产品应用替代示范。加强危险废物环境执法检查，严厉打击危险废物非法倾倒或填埋、利用地下排放污染物等违法犯罪行为。依托大数据、物联网等，强化危险废物全生命周期监管。

7.4.2.6 落实黄河流域生态保护和高质量发展战略，打造泰安“无废城市”品牌

（1）构建“无废旅游”产业，打造“无废泰安”旅游品牌

组织泰山、徂徕山、大汶河、东平湖等景区景点开展“无废景区”建设，完善景区厨余垃圾、生活垃圾收运体系。串联餐饮、住宿、购物、景区等“无废细胞”，打造“无废旅游”产业链。大力

推行绿色旅游，推行门票、宣传册电子化，推广循环利用物品，制止餐饮浪费，引导游客树立垃圾分类意识。

（2）建设综合利用示范基地，提升大宗固体废物综合利用水平

建立重点企业、重点项目“两个目录”，实行动态调整、退出增补机制。推动煤矸石、粉煤灰、冶炼渣、工业副产石膏、建筑垃圾、农作物秸秆等重点大宗固体废物综合利用向规模化、高值化、低碳化转变，全面提升大宗固体废物综合利用水平。加大节能降碳技术装备研发力度，积极引进节能降碳先进技术，建立完善节能降碳科技推广服务体系，强化工业固体废物综合利用先进技术的集成应用，形成示范效应。

（3）打造全域垃圾分类“泰安模式”

学习借鉴全国生活垃圾强制分类城市建设成效和经验，建立高位推动、示范带动、广泛发动的工作机制，加快推进全域垃圾分类工作。充分运用国家开发银行金融支持贷款，推动实施全域垃圾分类体系建设（一期）项目。构建“全域分类、全链联动、全智监管、全面提升”的工作格局，不断推动生活垃圾减量化、无害化、资源化，逐步建成全域覆盖、城乡统筹的生活垃圾分类系统。

（4）建设省级农业绿色发展先行县

支持宁阳县建设省级农业绿色发展先行县，加快巴夫绿色循环农业与生物产业示范园、有机肥替代化肥农作物试验、“减垄增地”示范推广、农产品质量安全监管等试验示范重点项目实施，建设现代生态农业。支持南四湖、东平湖流域的县（市、区）争创省级农业绿色发展先行县，开展村庄清洁行动。努力构建特色产业聚集、农文旅融合促进、生态绿色高效、科技创新协同、城乡一体发展、共建共享共治的“一市四区”新格局。

7.4.3 泰安市“无废城市”建设进展

从2022年开始，泰安市以实施黄河战略为契机，践行新发展

理念，探索废弃物减量化、资源化、无害化新路径，从固体废物源头减量、资源化利用、最终处置、保障能力、群众获得感、特色指标六个方面细化分解50项建设指标，明确固体废物底数、部门职责、重点项目3张清单159项具体任务，实现“无废城市”创建精准开局。将“无废城市”建设与泰山文化、基地建设、垃圾分类、试验示范项目、黄河战略相结合，锚定特色优势，靶向发力，全力打造“无废城市”泰安样板。

与“泰山文化”结合，打造无废旅游产业链。依托泰安市文化旅游特色招牌和发展优势，组织泰山、徂徕山、大汶河、东平湖等景区开展“无废景区”建设，完善景区厨余垃圾、生活垃圾收运体系。串联餐饮、购物、住宿等“无废细胞”，打造“无废旅游”产业链。

“无废细胞”是“无废城市”建设的关键载体，也是日常社会生活中“无废”理念的基本组成单元。“无废机关”“无废工厂”“无废学校”等都是“无废细胞”。2023年泰安市“无废城市”建设工作领导小组办公室正式印发《泰安市“无废细胞”创建实施方案》（以下简称《实施方案》），明确2023年先行先试，完成百个“无废细胞”试点创建目标，2025年之前全市至少建成206个“无废细胞”。

“无废细胞”试点创建将从生活中衣、食、住、行等方面入手，聚焦机关、酒店、商场、社区、学校、医院、景区、工厂、镇村九类生活场景，以各类固体废物减量化、资源化、无害化为目标，以“试点先行、系统推进、分类施策、广泛参与”为原则，充分调动各方力量，扎实推进各类“无废细胞”创建工作有序开展。打造“无废细胞”，能有效加强固体废物分类处置，促进固体废物减量化、资源化、无害化和再利用，为泰安市系统开展“无废城市”建设，推进资源全面节约和循环利用奠定扎实基础。

“无废细胞”创建工作计划分三阶段实施。第一阶段为试点先行，探索创建经验，确定一批“无废细胞”创建试点，2023年年底组织对创建试点进行评估、验收、挂牌。第二阶段为多场景、多领域逐步推广，加速“无废细胞”区域全覆盖，形成“以点带面、连线成片、示范引领、整体提升”的“无废细胞”共建格局。第三阶段为系统推广亮点做法，形成一批具有泰安辨识度，在山东省全省乃至全国具有创新性、引领性、典型性的重要成果。

与基地建设结合，大大提升大宗固体废物利用水平。加快构建以循环经济产业园为核心，向外辐射形成建筑垃圾、工业固废、秸秆综合利用三条产业带，以及多家产业带上的龙头企业为架构的“一核三带多点”空间布局，带动大宗固体废物综合利用水平全面提升。

与垃圾分类结合，打造全域垃圾分类“泰安模式”。将“无废城市”建设与垃圾分类工作深入融合，加快实施全域垃圾分类体系建设（一期）项目，不断推动生活垃圾减量化、无害化、资源化，逐步建成全域覆盖、城乡统筹的生活垃圾分类系统。

与黄河战略结合，全面提升危险废物利用处置能力。鼓励钢铁、焦化等大型企业自行配套建设高标准的危险废物利用处置设施。探索引进水泥窑协同处置生活垃圾焚烧飞灰技术和项目，减少生活垃圾焚烧飞灰填埋量，逐步实现工业危险废物填埋处置量下降10%，综合利用率达72%的工作目标。

截至目前，泰安市已建立“无废城市”建设重点项目库，计划提出补短板、强基础、利大局的项目39个，项目总投资43.18亿元。争取国家开发银行长期大额贷款支持20亿元，现有绿色金融贷款余额达187.34亿元，为“无废城市”工作有序开展“输血供氧”。

第8章 泰安市生态环境综合保护研究

8.1 泰安市山水林田湖草生态保护修复工程

8.1.1 工程简介

为深入贯彻落实习近平总书记“山水林田湖草是一个生命共同体”的重要理念，2017 年 4 月，财政部、国土资源部、环境保护部三部委启动了第二批山水林田湖草生态保护修复工程试点的申报工作，泰山区域山水林田湖草生态保护修复工程是山东省唯一的申报项目，并成功获批。泰安市将山水林田湖草作为完整生态系统，实施泰安历史上最大规模、治理最系统的泰山区域山水林田湖草生态保护修复工程，打造山清水秀、岸绿景美生态之城。

泰山区域山水林田湖草生态保护修复工程以泰山山脉为核心，向东扩至济南市莱芜区，向北扩至济南南部山区，涵盖济南、泰安，项目区总面积 1.35 万平方千米，分为泰山生态区、大汶河-东平湖生态区和小清河生态区三个片区。其中，泰山生态区涵盖泰安市泰山区、岱岳区北部、高新区和济南市历城区南部，面积 $1050km^2$，包括泰山主峰、泰山森林公园、黄前水库、安家林水库和大河水库等。大汶河-东平湖生态区涵盖济南市莱芜区，泰安市岱岳区南部、新泰市、肥城市、宁阳县、东平县等，面积 9700km²，包括泰山西麓、徂徕山森林公园、莲花山、三平山，瀛汶河、牟汶河、柴汶河、大汶河、东平湖、雪野水库等。小清河生态区涵盖济南市历城区北部、历下区、市中区、高新区、长清区、平阴县，面积 2750km²，包括五峰山和玉符河、锦绣川、锦阳川、锦云川、卧虎山水库等。

根据试点区域自然地理特征和生态环境特点，共规划了 5 大类（地质环境修复、土地整治、水环境治理、生物多样性保护和监管能力建设）、13 小类、132 项工程，制定了保护修复的目标任务，工程总投资 290 亿元。其中，泰山生态区以生物多样性恢复和地质灾害防治为主，大汶河-东平湖生态区以水生态环境和矿山生态环境修复、保护以及土地保护为主，小清河生态区以泉域生态修复保护和破损山体修复为主。形成“一山两水、两域一线”（泰山、大汶河、小清河；淮河流域、黄河流域和交通干线）的总体布局。

涉及泰安市的有 5 大类（地质环境修复、土地整治、水环境治理、生物多样性保护、监管能力建设）、12 小类、62 项工程，总投资 193 亿元。共治理采煤塌陷地 9090.12ha，修复矿山生态面积 990ha；整治土地 24996.74ha，工矿废弃地复垦利用 881.68ha，新增耕地 2532.26ha；新增湿地 630ha，使区域省控及以上重点河流水质基本达到水环境功能区划要求，国控断面水质优良比例达到 77%（超过国家要求 15 个百分点），城市建成区黑臭水体全面消除，城镇集中式饮用水水源水质全部达标；搬迁东平湖库区移民避险解困村 53 个、黄河滩区居民村 4 个、易地扶贫村 38 个，安置群众 71000 人。

作为试点项目的主战场，泰安市把该项目实施作为生态文明建设工作的主要载体和总抓手摆上重要位置。通过项目实施，加大生态环境保护和治理修复力度，努力实现泰山山水林田湖草生命共同体和谐发展，构筑“泰山大生态带”的空间结构优势，为南水北调供水安全、华夏文明永续发展和国家生态安全提供保障，为全国实施山水林田湖草生态保护修复提供可借鉴、可复制、可推广的“泰山经验”，为美丽中国建设做出新的贡献。

8.1.2 工程成效

工程实施过程中，泰安市以习近平生态文明思想为指导，围绕山水林田湖草是生命共同体“一个中心”；把握整体保护、系统修复、综合治理和分类实施、先易后难、突出重点“两条原则”；突出治山、治水、治田“三个重点”；健全组织保障、资金筹措、项目管理、考核评价“四个机制”；坚持治理系统化、管理规范化、筹资市场化、实施法治化、质量标准化“五个遵循”；抓好与各项规划、绿色发展、文化旅游、乡村振兴、城市建设、新旧动能转换的“六个结合”，打造了“以林护土、以土绿山、以山养水、以水丰湖、以湖润田、以田养人、以人保生态、以生态促发展”相互依存、可持续循环的“泰山模式”。

（1）“一个中心”指导思想的“泰山模式”

坚持以习近平新时代中国特色社会主义思想为指导，统筹推进“五位一体”总体布局和“四个全面”战略布局，按照山东省委关于建设生态山东的思路和要求，紧紧围绕山青、水碧、林郁、田沃、湖美、草茂的“泰山大生态带”目标，牢牢把握山水林田湖草系统治理的新要求，科学设计实施新路径，坚持扩容增量与提质增效有机结合，生态保护与修复治理协调推进，改善生态与群众增收互促双赢，统筹推进山水林田湖草系统治理，全面筑牢稳定安全的生态屏障体系，培育群众持续稳定增收的生态经济体系，为新旧动能转换和可持续发展，提供生态支撑和基础保障。

（2）“两条原则”生态观念的“泰山模式”

山水林田湖草是一个相互联系的生态共同体，泰安市牢牢把握整体保护、系统修复、综合治理和分类实施、先易后难、突出重点两条原则。宏观上按照生态系统的整体性、系统性及其内在规律，统筹考虑自然生态各要素、山上山下、地上地下以及流域上下游同治的“整体保护、系统修复与综合治理”方式。形成部门联动合力，破解国土空间生态要素的综合性与管理事权的部门化、生态空间的连续性与空间区域的政区化、生态工程的持续性与行政管理的届次化三大矛盾。把“理论方法-工程技术-试验示范-标准规范-监测监管”作为整体保护、系统修复与综合治理的重要支撑。微观上按照分类实施、先易后难、突出重点原则，根据工程项目的资源禀赋、工程类别、实施难度等客观条件，以水生态保护为重点，优先选择实施条件较好、投入小、见效快、干部群众积极性高的工程，建设一批示范精品工程，以点带面，积极稳妥地推进生态保护修复工程建设。

(3)“三个重点”技术创新的“泰山模式”

推动山水林田湖草生态保护修复工程的根本动力是科技创新。泰安市通过与高校和科研院所横向合作，整合科技资源，加强重点工程生态环境治理修复的科学研究和技术攻关，提高生物多样性保护、森林保护与修复、矿山环境治理、土地整治与修复及流域水环境保护等方面的综合集成创新能力，全面提升科技支撑水平。工程具体实施中，把握区域性特征，针对地质环境、水环境、土地整治、生物多样性、监管能力建设五大类不同工程类型，将项目系统划分为泰山生态区、柴汶河生态区、牟汶河生态区、康汇河生态区、大汶河中游和洸河生态区、东平湖生态区。因地制宜创新、发展生态修复绿色技术，本着既要经济发展“高素质”，也要生态环境“高颜值”原则，探索出了“三个重点”行之有效的治理模式。

① 综合治山。以重塑泰山山脉山体生物多样性为目标，系统整合破损山体、地质灾害、地质遗迹、森林涵养、水土保持为一个治理单元，运用立体生态治山模式，统筹考虑山上、山下、林草、水源、山体、遗迹、生物等各要素，通过“工矿复垦、植树造林、水土保持、生物涵养、防灾减灾、遗迹保护”＋山体修复相结合的模式，恢复森林涵养、水土保持能力，消除地质灾害隐患，新增耕种土地，复绿破损山体，重塑山体生物多样性，切实让山成为调节

气候的生态屏障。

② 全域治水。以加强水安全为核心，以大汶河流域-东平湖生态治理为切入点，以东平湖Ⅲ类水质为目标，遵循“治污水、留住水、引活水、用好水”思路，统筹考虑大汶河流域水污染治理、水生态修复、水资源保护，系统整合泰城城区水系、柴汶河、牟汶河、康汇河、大清河、东平湖等为一个治理单元，确保流域上下游同治。运用物理修复、生物修复、自然修复等方式，通过关停并转污染企业、控源截污、河道清淤、增加湿地、新建设施、河湖连通等方式，消除城市建成区黑臭水体，净化了河床，增加了污水入河前的多次处理，使大汶河流域水体水质稳定达到水功能区水质要求，为南水北调东线供水工程水质安全夯实了基础。

③ 全面治田。“自古闻名膏腴地，齐鲁必争汶阳田”。泰安市以稳粮、优供、增效、建设高标准“汶阳田”为目标，系统整合农业扶贫、土地整治、面源污染、农业生产基础设施等为一个治理单元。运用扶贫政策红利，结合区域特点，通过以土地资源稳定利用和环境基础设施建设为主的物理修复，以工程和生物修复相结合的土地复垦方式，对田、水、路、林、村进行综合治理，集中连片实施土地平整、田间道路、林网等建设，配套完善相关水利工程设施，将项目区建成田成方、林成网、路相连、渠贯通、旱能浇、涝能排的高标准农田。在新增一批耕地的基础上，田地更加肥沃，打造了新时期的“汶阳田”。

(4)“四大机制”组织体制的“泰山模式”

山水林田湖草生态保护修复作为一项系统工程、攻坚工程，如何整合资源，凝聚市县镇村、部门单位的工作合力；谁来筹集资金，谁来督导调度，谁来主导工程建设等问题，成为试点工程能否高效推进的关键。对此，泰安市以“四大机制”为保障，确保工程实施顺畅。

健全组织领导，抓住机制这一“关键点”。深入践行共同体理念，坚持“多方协同＋广泛参与”，构建生态环境共建、共治、共保、共管新机制，打破“九龙治水”格局，高规格组建工程总指挥部，由市委书记、市长任组长，组建城区、农村两个项目指挥部，下设山、水、林草、田、东平湖五个专业指挥部。为坚决破除“重建设轻管理”思想，针对工程项目点多线长面广，突发情况难以控制，又相继成立追责问责、政法稳定、财政审计三个保障工作组，把工作触角延伸至镇、村，延伸至子项目，落实到一草一木、一砖一瓦。形成了“1＋2＋5＋3”的组织领导机制。县市区参照市级做法，相应成立工程指挥部，切实构建起一把手挂帅、专职机构协调、行业部门指导、区县具体实施、专家智囊支撑、上下联动、职能明确、保障有力的组织领导机制。

抓好项目管理，扎紧制度这个“铁笼子”。为使工程建设有法可依，有规可循，结合工程建设实际，制定出台了工程实施意见、实施方案、项目管理、资金筹集和管理、绩效评估管理等文件；工程坚持“公平、公正、公开”“法人制、公告制、招投标制、合同制、监理制、审计制、后期管护制、跟踪问责制”的三公、八制原则，实施全程监督。

严格督导评价，用好考核这个“指挥棒”。将项目建设情况列入市对县市区经济社会发展综合考核体系，实行周电话调度、月进度报表、季度督导检查、半年现场观摩、年度绩效考评，工程实施情况作为年度补助资金分配、评先树优、表彰奖励的重要依据，调动各县市区对工程项目建设的热情，形成了“比、学、赶、帮、超”的良好氛围。

坚持多措并举，破解资金筹集最大制约。泰安市泰山区域山水林田湖草生态保护修复工程总投资 166.37 亿元，工程实施期间，共争取中央、省级专项奖补资金 20.43 亿元，统筹整合各类财政资金 29.21 亿元，距工程总投资差距较大，针对资金筹集这一难题，泰安市不等不靠，主动作为，通过“对上争取”“对下明责”“对内整合”“对外引资”“全程监审”，创新筹资模式，狠抓筹资监管，确保项目资金建设需求。

（5）“五个遵循”规范保障的“泰山模式”

山水林田湖草生态保护修复工程点多、面广、线长，资金筹集、项目管理、质量标准等都是全新的课题，加之山水林田湖草各要素之间又相互交织、相互影响，给工程实施带来了困难和压力，针对新课题和新挑战，泰安市提出了“五个遵循”的规范保障模式。

遵循治理系统化，整合生态要素，构建生命共同体。认真践行“生命共同体”理念，把握生态要素之间的内在联系和因果关系，坚持山水林田湖草一体理念。整体推进修山、治污、增绿、扩湿、整地、净湖，实现生态环境的全面好转，避免过去生态修复“头痛医头、脚痛医脚”弊端。

遵循管理规范化，高点谋划推进，打好生态攻坚战。泰山区域山水林田湖草生态保护修复工程时间紧、任务重，必须严格规范管理，才能确保工程顺利实施。泰安市构建起了“主要领导挂帅、专职机构协调、行业部门指导、区县具体实施、专家智囊支撑”组织体制，形成统筹部署、分区实施、上下联动、横向协同的工作机制，极大提升了生态保护修复工程效率。市政府印发实施意见、编制实施方案，领导小组办公室制定项目管理、资金使用、绩效评价等管理办法，形成了较为完备的制度体系。项目管理上，严格执行项目法人制、方案公示制、工程招标制、施工监理制、档案规范制，严把立项评审关、生态论证关、组织实施关、竣工验收关、运行管护关。领导小组办公室坚持周电话调度、月进度报表、季督导检查、半年绩效评价。财政、审计和中介机构定期进行监督检查、专项审计、绩效评价。各县市区实行领导包保责任制，确保项目依法实施、规范运作。

遵循筹资市场化，整合各类资金，聚合力量破难题。泰山区域山水林田湖草工程总投资166.37亿元，上级专项奖补资金约30亿元，距工程投资差距较大，针对资金这一难题，创新筹资模式，系统整合上级资金、建立专项基金、组建PPP项目、融合社会资金，形成“政府主导、市场引导、社会参与”的资金投入格局。

遵循实施法治化，推进依法治理，严守法规高压线。泰山区域山水林田湖草工程涉及 10 个县市区（功能区）、5 大类、12 小类、67 项工程、326 个子项目，工程管控难度大。泰安市以国家法律法规为依据，坚持制度先行，充分利用地方立法权限，审议出台实施意见、项目管理、资金募集使用、绩效评估、竣工验收、工程审计等地方专项法规，确保项目依法实施、规范运作。

遵循质量标准化，推动绿色产业，践行可持续发展。认真践行“绿水青山就是金山银山”理念，探索“生态产业化、产业生态化”路径，将生态修复与资源枯竭城市转型、脱贫攻坚、乡村振兴战略结合，致力培育绿色产业。促进生态修复与健康养老、文化旅游、城市管理、新旧动能转换等领域融合，让生态财富转变为发展要素，为城市可持续发展注入强大动力。

(6)“六个结合”修复思路的“泰山模式”

泰安市深入践行“绿水青山就是金山银山”可持续发展理念，将生态保护修复与总体规划、产业生态化转型、脱贫攻坚、乡村振兴、文化旅游、城市建设等重点工作有机结合起来，通过基础设施建设、特色生态农业、生态旅游等形式带动脱贫致富，实现了生态美和百姓富相统一，探索出了“六个结合”生态文明建设的新路径和新模式。

结合规划，做好契合，确保项目紧密衔接。高标准编制《泰安市生态建设总体规划暨山水林田湖草生态保护修复工程实施方案》，以规划为引领。在工程具体推进中，注重和落实与城乡一体空间发展战略规划相结合，将生态建设总体规划积极融入《泰安市城乡一体空间发展战略规划》总体布局，在城乡一体空间发展战略规划指导下，着眼长远、做好契合、确保项目建设与规划紧密衔接。

结合文旅，探索模式，打造全新文旅产业。以山水林田湖草工程为契机，借助工程实施，大力发展绿色、文旅项目。探索建立创新“龙头企业＋合作社＋基地＋农户”的经营模式，在项目区建设有机种植区、畜禽养殖区、农产品加工区、观光体验区、康养休闲区、山林区六大区，形成从田园到餐桌的有机食品全产业链，打造全新的康养旅游新模式。

结合动能，留优劣汰，促使产业转型升级。大力提高项目建设科技含量，转变产业发展动能。新泰市通过建设农光互补光伏发电等生态保护修复工程，采取“塌陷区治理＋农业大棚＋光伏发电”模式，大力实施柴汶河流域采煤塌陷治理项目，系统推进农光互补大棚和村庄搬迁、土地复垦同步建设，提升了周边区域生态环境和土地利用效能，将昔日塌陷废弃地变为新“六产”与新能源交相辉映的转型发展新载体。使采煤沉陷区由“包袱”变成“财富”，主导产业布局由“地下”转到“地上”，发展方式由“黑色”变成“绿色”。

结合扶贫，乡村振兴，兼顾经济社会效益。项目建设与乡村振兴结合，大力促进三农发展。如山东丰唐生态农业塌陷地流转经营治理项目，流转1700亩塌陷地进行集中经营，采用“林药”种植模式，栽植白蜡、法桐，林下种植麦冬，在解决百余人就业的同时，实现了生态效益、经济效益、社会效益，投资者、村集体、村民多方共赢，为乡村振兴提供了可借鉴、可复制的“样板”。

结合城建，契点融合，打造山水生态名城。组织实施泰城水生态环境治理工程PPP项目，坚持治污先行，统筹开展雨污分流、河流水系治理、污水处理厂改造提标等工程，使城市污水全部入管，入管污水全部进厂，出厂污水全部排入湿地进行净化。同时，结合水系综合治理，引活水、留住水、用好水，打造沿岸景观，提升城市品位与城市综合环境水平。

结合农村基础设施，完善提升，建设成果惠及百姓。将改善提升农村基础设施水平作为工程实施的重要目标，使生态建设与工程建设深度融合。如宁阳县堽城南部山区土地整治项目，在项目实施中综合解决水、电、路和土地质量问题，建设了蓄水池和12km的环山路，新修了6个山区村与环山路、蒙馆路相连接的道路14条，全长10.5km，极大方便了群众的生产生活。

泰山区域山水林田湖草修复工程的实施是尊重自然、顺应自然、保护自然的重要手段，是贯彻绿色发展理念的有力举措，是坚持以人为本、促进人与自然和谐发展的必然选择。工程通过固山，挺起了“山之脊”；通过治污，实现了“水之净”；通过增绿，保护了“林之肺”；通过整地，增厚了“田之肌”；通过扩湿，调节了“湖之肾”；通过提质，确保了“水安全”。通过修复“人与自然关系”，构筑了泰安市合理的生态格局；通过保护“自然地理元素”，确保了泰山历史文化传承；通过恢复“水资源承载力”，保障了国家战略工程安全，一幅星月蓝天、风雨白云、山溪古树、鹊蝉白鹤、田花绿叶的生态画卷正全面铺开。

8.2 泰安市“三线一单”生态环境分区管控

为深入贯彻习近平生态文明思想，全面落实党中央、国务院关于全面加强生态环境保护、坚决打好污染防治攻坚战的决策部署，加快推进泰安市“生态保护红线、环境质量底线、资源利用上线、生态环境准入清单”（以下简称“三线一单”）落地，健全国土空间开发保护制度，实施生态环境分区管控，推动形成绿色发展方式，根据《山东省人民政府关于实施“三线一单”生态环境分区管控的意见》（鲁政字［2020］269号）要求，2021年《泰安市“三线一单”生态环境分区管控方案》经市政府第64次常务会审议通过。主要目标为到2025年，基本建立“三线一单”生态环境分区管控体系，生态环境质量持续改善，产业布局及生态格局进一步优化，国土生态空间应保尽保，生态保护红线制度稳固，生态系统服务功能逐步提升。资源利用效率稳步提高，绿色发展和绿色生活水平明显提高，生态环境治理体系和治理能力现代化水平显著提高。

8.2.1 泰安市生态环境三线

8.2.1.1 生态保护红线

泰安市生态保护红线总面积839.65km^2，占全市总面积的

10.82%（暂采用2020年12月数据，待自然资源部门优化调整方案发布实施后衔接调整，并相应调整一般生态空间面积），原则上按照禁止开发区域进行管理，严禁不符合主体功能定位的各类开发活动。一般生态空间总面积767.65km^2，占全市总面积的9.89%，原则上按照限制开发区域要求进行管理，以保护为主，严格限制区域开发强度。

8.2.1.2 环境质量底线

水环境质量总体改善，国控、省控断面优良水质比例稳步提升，泰安市省控及以上重点河流水质优良比例（达到或优于Ⅲ类）达50%以上，城市建成区黑臭水体全部消除，城市、城镇集中式饮用水水源水质达到或优于Ⅲ类比例为100%（地质原因除外）。大气环境质量持续改善，全市$PM_{2.5}$年均浓度达到44μg/m^3。土壤环境质量总体保持稳定，受污染耕地和污染地块安全利用得到进一步巩固提升，全市受污染耕地安全利用率达到92%以上，污染地块安全利用率达到92%以上。

8.2.1.3 资源利用上线

强化节约集约利用，持续提升资源能源利用效率，水资源、土地资源、能源消耗等达到省下达的总量和强度控制目标。建立最严格的水资源管理制度，强化水资源刚性约束，全市用水总量控制在14.20亿立方米以下，万元GDP用水量、万元工业增加值用水量等用水效率指标在2020年基础上持续下降，农田灌溉水有效利用系数逐年提高。坚持最严格的耕地保护制度和最严格的节约用地制度，严守耕地和永久基本农田保护红线，全市耕地保有量及永久基本农田面积按照省级下达的目标任务落实；优化土地利用结构，严格控制新增建设用地规模，提高建设用地节约集约利用水平。不断优化调整能源消费结构，严格落实能源消费总量和强度“双控”制度，能源、煤炭消费总量确保完成国家、省下达目标任务，能源利用效率不断提升，煤炭占能源消费比重不断下降，天然气、新能源和可再生能源比重不断提高。到2035年，生态环境分区管控体系巩固完善，生态环境质量根本好转，节约资源、保护生态环境的空间格局和高质量发展的产业体系、生产方式、生活方式总体形成，生态安全屏障更加牢固，经济社会发展全面绿色转型，基本建成人与自然和谐共生的美丽泰安。

8.2.2 生态空间及分区管控

生态保护红线按《关于在国土空间规划中统筹划定落实三条控制线的指导意见》及国家、省有关的要求进行管理。评估调整后的自然保护地应划入生态保护红线，自然保护地发生调整的，生态保护红线相应调整。生态保护红线内，自然保护地核心保护区原则上禁止人为活动，其他区域严格禁止开发性、生产性建设活动，在符合现行法律法规前提下，除国家重大战略项目外，仅允许对生态功能不造成破坏的有限人为活动。

一般生态空间原则上按限制开发区域要求进行管理，根据一般生态空间的主导生态功能进行分类管控，以保护为主，严格控制各类开发利用活动对生态空间的占用和扰动。符合区域准入条件的建设项目，涉及占用生态空间中的林地、草原等，按有关法律法规规定办理；保留在一般生态空间内的零星分散耕地，属性仍为耕地，计入耕地保有量；涉及占用生态空间中其他未作明确规定的用地，应当加强论证和管理。

8.2.3 环境质量底线及分区管控

8.2.3.1 水环境分区管控

泰安市水环境管控分区划分为水环境优先保护区、水环境重点管控区和水环境一般管控区三类区域。

水环境优先保护区为水源保护区、湿地保护区、重要水产种质资源区、河湖生态缓冲带等，共划定29个。水环境优先保护区按照国家、山东省及泰安市相关管理规定执行，严格水源保护区、湿地保护区、重要水产种质资源区、河湖生态缓冲带管控。

水环境重点管控区为以工业源为主的区域、以城镇生活源或农业源为主的超标区域，共划定19个。其中，工业污染重点管控区禁止新建不符合国家产业政策的严重污染水环境的生产项目；从严审批高耗水、高污染物排放、产生有毒有害污染物的建设项目；工业园区应建成污水集中处理设施并稳定达标运行；对造纸、焦化、氮肥、有色金属、印染、农副食品加工、原料药制造、制革、农药、电镀十大重点行业的新（改、扩）建项目，实行主要污染物排放等量或减量置换；强化工业集聚区企业环境风险防范设施设备建设和正常运行监管。城镇生活污染重点管控区应合理布局生产与生活空间，严格控制高耗水、高污染行业发展；加强城镇污水收集和处理基础设施建设；实施生活节水改造，禁止生产、销售并限期淘汰不符合节水标准的产品、设备；推进节水型居民小区创建。农业污染重点管控区应加强农业农村面源污染治理，加强畜禽养殖污染防治，推进农村生活污水治理；实施化肥减量增效，增加有机肥使用量，积极推广“养殖-粪污处理-种植”结合的生态农牧业发展模式，发展节水农业；禁止在重点河湖（含水库）中设置人工投饵网箱或围网养殖。

水环境一般管控区为上述之外的其他区域，共划定43个。水环境一般管控区落实水环境保护的普适性要求，推进城乡生活污染和农业面源污染治理，加强污染物排放管控和环境风险防控，推动水环境质量不断改善。

8.2.3.2 大气环境分区管控

泰安市大气环境管控分区划分为大气环境优先保护区、大气环境重点管控区和大气环境一般管控区三类区域。

大气环境优先保护区为市域范围内的法定保护区、风景名胜区、各级森林公园等环境空气一类功能区，共划定12个。大气环境优先保护区禁止新建工业大气污染物排放项目，现有涉及工业大气污染物排放的项目应制定规划，逐步退出；禁止焚烧秸秆、工业废弃物、环卫清扫物、建筑垃圾、生活垃圾等废弃物；加强餐饮服务业和生活能源的清洁化替代。

大气环境重点管控区为人群密集的受体敏感区域、大气污染物的高排放区域、静风或风速较小的弱扩散区域、城市上风向及其他影响空气质量的布局敏感区域，共划定36个。大气环境重点管控区禁止新建除热电联产以外的煤电项目；坚持“污染物排放量不增”，新增“两高”行业项目应严格落实污染物排放“减量替代是原则，等量替代是例外”的要求；全面加强对挥发性有机物（VOC）污染的管控；加强移动源污染防治，逐步淘汰高排放的老旧车、船，严格控制柴油货车污染排放；禁燃区内禁止新建、扩建燃用高污染燃料的项目和设施，已建成的逐步退出或限期改用天然气、电等清洁能源；推广使用清洁能源车辆、船舶和非道路移动机械，因地制宜推进冬季清洁取暖。同时，受体敏感重点管控区内严格限制生产和使用高VOC含量的溶剂型涂料、油墨、胶黏剂等项目；布局敏感重点管控区和弱扩散重点管控区内新建大气污染排放建设项目应充分评估论证区域环境影响，已产生大气污染物的工业企业应持续开展节能减排；高排放重点管控区内推进各类园区循环化改造、规范发展和提质增效，按照全省统一部署，推动钢铁、地炼、电解铝、焦化、轮胎、化肥、氯碱等高耗能行业产能转型升级。

大气环境一般管控区为上述之外的其他区域，共划定76个。大气环境一般管控区落实大气环境保护的普适性要求，加强污染物排放管控和环境风险防控，推动大气环境质量不断改善。

8.2.3.3 土壤环境风险防控

泰安市土壤环境分为农用地优先保护区、土壤环境重点管控区和土壤环境一般管控区三类区域。

农用地优先保护区为优先保护类农用地集中区域。农用地优先保护区从严管控非农建设占用永久基本农田，坚决防止永久基本农田“非农化”。在永久基本农田集中区域，不得新建可能造成土壤污染的建设项目；已经建成的，应当限期关闭拆除。

土壤环境重点管控区包括农用地污染风险重点管控区和建设用地污染风险重点管控区。其中，农用地污染风险重点管控区中的安全利用类耕地，应当优先采取农艺调控、替代种植、轮作、间作等措施，阻断或者减少污染物和其他有毒有害物质进入农作物可食部分，降低农产品超标风险；对严格管控类耕地，划定特定农产品禁止生产区域，制定种植结构调整或者按照国家计划经批准后进行退耕、还林、还草等风险管控措施。建设用地污染风险重点管控区为全市污染地块、疑似污染地块、重点行业企业用地土壤污染状况调查高关注度地块、土壤污染重点监管单位和省级及以上重金属污染防控重点区域。建设用地污染风险重点管控区中污染地块（含疑似污染地块）应严格其开发利用和流转审批。土壤污染重点监管单位和高关注度地块新（改、扩）建项目用地应当符合国家及山东省有关建设用地土壤污染风险管控要求，新、改、扩建涉重金属重点行业建设项目实施重金属排放量“等量置换”或“减量置换”。

土壤环境一般管控区为上述之外的其他区域。应严格执行行业企业布局选址要求，完善环境保护基础设施建设。

8.2.4 资源利用上线及分区管控

地下水开采重点管控区为宁阳县浅层孔隙水超采区。重点管控区内落实最严格水资源管理制度；逐步压缩超采区地下水开采量，达到采补平衡；实施地下水用水总量和地下水位双目标考核。

土地资源重点管控区为生态保护红线集中的、重度污染农用地或污染地块集中的区域。其中生态保护红线区域严格落实红线保护要求；重度污染农用地区域，加强耕地用途管控，开展受污染耕地安全利用及治理修复，达不到国家有关标准的，禁止种植食用农产品；对受污染地块，开展污染修复治理。

能源重点管控区为泰安市现有高污染燃料禁燃区。重点管控区内禁止销售、燃用、新建、扩建采用非清洁燃料的设施和项目；已建成的采用高污染燃料的设施和项目（城市集中供热锅炉和电厂锅炉除外），限期淘汰或进行清洁能源改造；控制区内禁止销售、燃用、新建、扩建采用非清洁燃料的设施和项目。

8.2.5 生态环境分区管控体系

全市共划定环境管控单元107个，分为优先保护单元、重点管控单元和一般管控单元。

优先保护单元为生态保护红线、一般生态空间和饮用水水源保护区等生态功能重要区、生态环境敏感区，共划定21个。该区域以绿色发展为导向，严守生态保护红线，在各类自然保护地、河湖岸线利用管理规划保护区等严格执行有关管理要求。涉及生态保护红线和一般生态空间等管控区域的优先保护单元根据国家和省的最新批复动态进行调整。

重点管控单元为城镇、工业园区（集聚区），人口密集、资源开发强度大、污染物排放强度高的区域，共划定43个。重点推进产业布局优化、转型升级，不断提高资源利用效率，加强污染物排放控制和环境风险防控，解决突出生态环境问题。涉及城镇开发边界、产业园区的重点管控单元根据国土空间规划、产业发展规划及规划环评等进行动态调整。

一般管控单元为上述之外的其他区域，共划定43个。执行区域生态环境保护的基本要求，合理控制开发强度。

8.2.6 加强“三线一单”实施措施

（1）建立生态环境准入清单

严格落实生态环境法律法规，各级环境治理、生态保护和资源利用管理规划等政策，准确把握区域发展战略和生态功能定位，以环境管控单元为基础，结合“三线”划定情况，从空间布局约束、污染物排放管控、环境风险防控和资源利用效率等方面明确准入要求，全市建立“1+107”生态环境准入清单管控体系。其中，“1”为市级清单，体现全市的基础性、普适性要求；“107”为环境管控单元清单，体现管控单元的差异性、落地性要求。

（2）加强组织领导和工作保障

各县（市、区）政府及功能区管委会是本辖区“三线一单”实施的主体，要切实落实主体责任。市生态环境局统筹做好“三线一单”的组织协调等工作，有关部门根据各自职能分工，在职责范围内做好实施应用。各级生态环境部门负责组建长期稳定的专业技术团队，不断推动“三线一单”成果共享。

（3）严把生态环境准入关

将“三线一单”作为深化环评“放管服”改革的重要基础和抓手，强化“三线一单”宏观指导作用。各级政府有关部门在产业布局、结构调整、资源开发、城镇建设、项目选址及审批时，要将“三线一单”成果作为重要依据。在产业政策制定、规划编制、执法监管的过程中，加强相符性、协调性分析，各地、各部门要将“三线一单”成果应用到规划环评审查和建设项目环评审批中，严格落实生态环境分区管控要求。

（4）推动生态环境数字化监管

依托全省统一建立的“三线一单”信息管理平台，实现全市“三线一单”成果落图和动态管理。从严管理全市“三线一单”数据信息，确保信息管理平台安全高效运行。

（5）实施评估更新和动态调整

建立评估更新和动态调整机制，原则上每5年组织开展“三线一单”实施情况评估和更新。因法律、法规以及国家和省重大发展战略、重大规划、生态保护红线、永久基本农田、自然保护地等发生变化，需要调整和更新“三线一单”相关内容，由市生态环境部门提请市政府按程序开展调整更新，有关部门根据各自职能分工积极配合。

8.3 泰安市生态环境总体规划

2021年12月泰安市政府印发《泰安市“十四五”生态环境保护规划》，以改善生态环境质量为核心，以协同推动生态环境高水平保护和经济社会高质量发展为主线，以减污降碳、协同增效为总抓手，以生态环境治理体系和治理能力现代化为支撑，坚持综合治理、系统治理、源头治理，突出精准治污、科学治污、依法治污，深入实施黄河流域生态保护和高质量发展重大国家战略，推动经济社会全面绿色转型，促进人与自然和谐共生，全力打造生态绿地泰安样板。

8.3.1 改善环境空气质量，控制温室气体排放

以改善大气环境质量为核心，以 $PM_{2.5}$ 和臭氧协同控制为主线，坚持主要目标与重点任务双控、环境质量与排放总量双控、源头防治与末端治理双控，加快补齐臭氧治理短板，逐步破解大气复合污染问题，基本消除重污染天气。

制订空气质量全面改善行动计划，明确控制目标、路线图和时间表。统筹考虑 $PM_{2.5}$ 和臭氧污染区域传输规律和季节性特征，结合泰安市实际，强化分区、分时、分类的差异化和精细化协同管控。健全 $PM_{2.5}$ 和臭氧环境监管监测制度，用好 $PM_{2.5}$ 和臭氧污染成因及来源解析成果，准确定量城市不同空间尺度上的 $PM_{2.5}$ 和臭氧来源，识别臭氧生成敏感性和关键前体物，明确重点控制区域和重点行业。构建 $PM_{2.5}$ 组分监测网，建立城市层面 $PM_{2.5}$ 和臭氧污染协同预报预警平台，完善应急预案，制定不同污染程度下的应急减排措施。推进城市环境空气质量达标及持续改善。严格落实大气污染物达标排放、总量控制、在线监测、排污许可等环保制度。

实施重点行业 NO_x 等污染物深度治理，大力推进重点企业

VOC治理，强化车船油路港联合防控，全面加强各类施工工地、道路、工业企业料场堆场、露天矿山和港口码头扬尘精细化管控。全面推行绿色施工，将绿色施工纳入企业资质评价和信用评价。探索建立全市重点行业大气氨规范化排放清单，严格执行重点行业大气氨排放标准及监测、控制技术规范，有效控制烟气脱硝和氨法脱硫过程中的氨逃逸。加强源头控制，推进养殖业、种植业大气氨减排。强化消耗臭氧层物质和氢氟碳化物环境管理，研究开发替代技术与替代产品，推进含氢氯氟烃（HCFCs）淘汰和替代，加强恶臭、有毒有害大气污染物防控，鼓励对恶臭投诉重点企业和园区实行电子鼻监测。基于现有烟气污染物控制装备，强化多污染物协同控制，推进工业烟气中三氧化硫、汞、铅、砷、镉等非常规污染物强效脱除技术研发应用。

围绕碳达峰和碳中和愿景，落实积极应对气候变化国家战略，强化温室气体排放控制管理，协同推进应对气候变化与环境治理、生态保护修复，推动经济社会发展全面绿色转型，有效降低碳排放强度，显著增强应对气候变化能力。

落实省下达的达峰目标任务，明确全市二氧化碳排放达峰目标，制定达峰行动方案，确定排放峰值路线图。分解达峰目标任务，加强达峰目标过程管理和考核监督，督促各领域各层级抓好贯彻落实。积极开展二氧化碳达峰行动，推动钢铁、建材、有色金属、化工、电力等重点行业尽早实现二氧化碳排放达峰。鼓励大型企业制定二氧化碳达峰行动方案、实施碳减排示范工程。加大对企业低碳技术创新的支持力度，鼓励降碳创新行动。控制交通领域二氧化碳排放，加快发展铁路、水运等低碳运输方式，发展低碳物流，明确营运车辆和船舶的低碳比例，推广新能源汽车，加快充电基础设施建设；全面实施公交车优先发展战略，提高交通工具运输效率，提升低碳能源利用水平。

开展油气系统甲烷控制工作，实施含氟温室气体和氧化亚氮排放控制，推广六氟化硫替代技术。推广标准化规模种植养殖，控制农田和畜禽养殖的甲烷及氧化亚氮排放。加强污水处理厂和垃圾填埋场甲烷排放控制及回收利用。加快推进碳排放权交易。以发电行业为突破口率先参与线上交易，在发电行业碳市场稳定运行基础上，按照国家统一部署，积极推进水泥、钢铁等行业率先进入全国碳排放权交易市场，发挥市场机制的降碳作用。

协同推动适应气候变化与生态保护修复，积极运用基于自然的解决方案，协同推进生物多样性保护、山水林田湖草系统治理等工作，增强适应气候变化的能力，提升生态系统质量和稳定性。积极推进陆地生态系统、水资源等生态保护修复与适应气候变化协同增效，在农业、林业、水利等领域以及生态脆弱地区开展适应气候变化行动。提升城市基础设施、水资源保障、能源供应系统适应气候变化的能力，保障人民生产生活安全。推动适应气候变化纳入经济社会发展规划政策体系，并与可持续发展、生态环境保护、消除贫困、基础设施建设等有机结合，构建适应气候变化工作的新格局。推动重大适应工程试点示范，提升公众适应气候变化的意识。制订应对和防范措施，增强城乡极端气候事件、防灾减灾监测预警、综合评估和风险管理能力。

8.3.2 深化系统治理，提升水生态环境质量

以持续改善水生态环境质量为核心，以保障饮用水安全、改善河湖生态、消除黑臭水体为重点，统筹水资源利用、水生态保护和水环境治理，着力抓好污染减排和生态扩容，持续推进水污染防治攻坚，大力推进美丽河湖保护与建设，努力实现“清水绿岸、鱼翔浅底”。

实施入河（湖）排污口分类整治和规范化监管，持续推进工业水污染防治，将水资源作为最大刚性约束，坚持以水定城、以水定地、以水定人、以水定产，优化调整产业发展规模、产业结构和空间布局，限制高耗水和低效用水产业发展。全面提升城镇生活污水处理能力，补齐城镇污水收集管网短板，新建污水集中处理设施，加快生活污水收集处理设施改造和建设，提升新区、新城、污水直

排、污水处理厂长期超负荷运行等区域生活污水处理能力。加强农业面源污染防治，全面推进测土配方施肥、水肥一体化工程，提高配方施肥的精准性，提高化肥利用率，深入实施农药减量增效行动，加快推进高效环保农药替代、绿色防控技术应用及统防统治，加强畜禽规模养殖场粪污资源处理设施建设，推行干清粪工艺。全面消除城市黑臭水体，推动全市污水处理工作提质增效，持续推进城市污水收集处理设施及其管网配套建设。实施船舶和泰安港污染控制，推进码头船舶污染物接收、转运及处置设施建设，落实船舶污染物“船-港-城”“收集-接收-转运-处置”的衔接和监管。

不断完善水资源保障，加大河湖源头水源涵养区保护力度，提高清洁水源储备能力。有序推进封山育林、退耕还林还草还湿、低质低效林改造、湿地生态修复、废弃矿山植被恢复等生态修复工程，涵水于地、涵水于林草，全面提升生态系统涵水功能。实行最严格水资源管理制度，有效利用非常规水源。提高水资源配置能力，推进引调水工程和水源工程建设，提高雨洪资源利用率，积极争取流域水资源指标，推进南水北调东线泰安支线工程、引黄入泰工程，提高城市供水保障率。明确河湖生态流量，提升有水河流数量。以保障东平湖、大汶河生态流量为重点，实施主要入湖河流生态补水，制订完善东平湖、大汶河生态流量（水位）保障方案。

强化水生态保护修复，落实河湖岸线保护与利用规划要求，保护河湖生态岸线生态空间，实施退耕还湿、生态缓冲带保护与修复。加强东平湖、大汶河等重点河湖生态修复与综合治理工程，联动推进生态空间保护修复、水污染治理、水源涵养、生物多样性保护等工作，综合整治水环境质量下降、水生态系统受损、河流生态流量难以保障等问题，改善全流域生态环境系统。实施大汶河支流水系综合整治试点工程，增强河湖生态调节能力，确保河湖生态系统健康。进一步完善以湿地自然公园为主体的湿地保护管理体系，加强湿地自然公园和重要湿地的保护修复，提升湿地生态系统功能；以污水处理厂下游、支流入干流口、河湖入库口等区域为重点，加强人工湿地建设。加强东平湖、大汶河国控断面所在河流支流、湖库等水体底泥中重金属等污染物监测，开展调查评估，编制受污染底泥处置方案。

严格保障饮用水安全，按照“一源一策”方案，深入开展县级及以上水源保护区内生活污水和垃圾、畜禽养殖废水、违章建筑、交通穿越及农业面源污染等突出环境问题整治行动，进一步巩固治理成效。全面排查梳理农村“千吨万人”水源保护区内环境问题，逐步清理整治。强化从水源到水龙头全过程监管，科学制订水源地水质监测计划，全面分析监测数据信息，掌握水源地饮用水安全状况，提升饮用水水源水质全指标监测能力，根据饮用水安全需要和水源地实际，有针对性地调整水质监测项目和频次。扩大监测范围，将“千吨万人”农村水源地纳入日常环境质量监测范围。落实“重要饮用水水源及南水北调水质安全保障专项计划”，完善防撞护栏、事故导流槽、应急池、防泄漏等环境安全防护措施。发布危险化学品禁运名录，加强道路、航运、船舶等流动风险源监管。

稳步推进地下水环境保护，科学划定地下水污染防治重点区，积极探索地下水污染防治重点区管控模式与配套政策。持续开展地下水型饮用水水源保护区及补给区地下水环境状况调查评估，建立地下水型饮用水水源补给区内污染源管控清单。积极落实地下水污染源防渗措施，化学品生产企业、危险废物处置场、垃圾填埋场等单位申领排污许可证时，应载明地下水污染防渗和监测义务。加快推进地下水重点污染源责任单位自行监测工作，严格落实地下水监测数据报送制度。深入开展地下水超采区综合治理，严禁新增取用超采区内工农业生产及服务业的地下水。严控重点区域、生态脆弱区域地下水水量取用。探索开展地下水位抬升地区针对地下水位恢复的污染风险评估。探索地下水治理修复模式，探索地下水污染风险管控与修复试点工作。

8.3.3 强化源头防控，加强土壤、农村环境保护

坚持预防为主、保护优先、风险管控的原则，持续推进土壤污

染防治，确保全市土壤和地下水污染风险得到基本管控，受污染耕地和污染地块安全利用水平进一步巩固提升，确保广大群众“吃得放心、住得安心”。深入推进农业农村环境整治，建设生态宜居美丽乡村。

将土壤环境管控要求统筹纳入国土空间规划，守住土壤环境风险防控底线，加强生态环境分区管控，根据土壤污染状况和风险合理规划土地用途。新（改、扩）建涉及有毒有害物质可能造成土壤污染的建设项目，要严格落实土壤污染防治要求。整体推进土壤污染源头防控。整治涉重金属矿区历史遗留固体废物，防控矿产资源开发污染土壤。加强对土壤污染重点监管单位的环境监管，每年更新土壤污染重点监管单位名录并向社会公开。列入土壤污染重点监管单位名录的企事业单位，要在一年内开展隐患排查。土壤污染重点监管单位要自行监测，将监测数据公开并报生态环境部门。推动实施绿色化改造，鼓励土壤污染重点行业企业因地制宜实施管道化、密闭化改造，对重点区域实施防腐防渗改造。严格落实建设项目土壤环境影响评价制度。

持续推进农用地安全利用，严格执行农用地分类管理制度，将符合条件的优先保护类耕地划为永久基本农田，实行严格保护，确保其面积不减少、土壤环境质量不降低。根据国家农用地安全利用和修复技术模式，构建适合本地的安全利用技术库和食用农产品种植推荐清单。以镉污染耕地为修复重点，推进以降低土壤中重金属含量为目的的修复试点工作。积极推进土壤污染防治先行区建设，探索建立区域性污染土壤修复车间、污染土壤转运联单制度和“环境修复＋开发建设”模式。推广绿色修复理念，加强污染地块风险管控和修复过程二次污染防控。健全实施风险管控、修复活动地块的过程监管和后期管理机制。

建立监测人员培训制度，定期派员参加土壤环境监测培训，严厉打击固体废物特别是危险废物非法倾倒或填埋以及利用渗井、渗坑、裂隙、溶洞等方式向地下排放污染物等行为，健全突发环境事件应急预案体系，提升土壤生态环境突发事件应急处置能力。

改善农村生态环境，深入开展村庄清洁和绿化行动，确保村庄公共空间及庭院房屋、村庄周边干净整洁。推进农村生活垃圾就地分类，健全收运处置体系，加强垃圾资源化利用。鼓励有条件的村庄结合农村环境整治，开展美丽宜居村庄建设活动。加大农村改厕项目推进力度，按照“城边接管、就近联建、鼓励独建、资源利用”的原则，推行“4＋N”方式，因村施策，有序推进农村改厕规范升级及后续管护，到2025年农村卫生厕所普及率达到100％。稳步推进农村生活污水治理，鼓励以县（市、区）、功能区为单元，实施农村生活污水治理统一规划、统一建设、统一运行和统一管理。利用污水管网处理、集中拉运、建设集中污水处理站、配置小型一体化污水处理设备等方式，因地制宜、有序开展农村生活污水治理，推进城镇污水处理设施和服务向周边农村延伸。有序开展农村黑臭水体治理。综合分析黑臭水体污染程度、成因等，合理选择治理技术模式，因河因塘分类施策。强化养殖业污染治理，科学划定畜禽养殖禁养区，以畜牧大县和规模养殖场为重点，推进粪肥肥料化、能源化、资源化利用。加强种植业污染防治，强化秸秆焚烧管控，构建“遥感发现-地面核查-监督执法”监管体系，开展夏收和秋收阶段秸秆焚烧专项巡查。推进秸秆全量化综合利用，落实秸秆还田离田支持政策，统筹推进废旧农膜回收工作，健全完善农药包装废弃物回收利用体系和长效机制。

8.3.4 强化危险废物风险管控，严守环境安全底线

牢固树立环境风险防控底线思维，坚持主动防控和系统管理，构建由环境风险评估、隐患排查、事故预警和应急处置组成的风险防范及应急体系，强化重金属、危险废物、有毒有害化学品、核与辐射等重点领域环境风险管控，狠抓新污染物治理，保障生态环境与健康。

加强危险废物和医疗废物的收集处理，健全危险废物收运体系，建设危险废物集中收集贮存试点，提升小微企业、工业园区、

科研机构等企事业单位的危险废物收集转运能力。落实生产者责任延伸制度，生产企业可依托销售网点回收产品使用过程中产生的危险废物。拓展废弃电器电子产品回收渠道，探索“互联网+”回收模式。提升危险废物利用处置能力，强化危险废物全过程监管。结合第二次全国污染源普查、环境统计工作成果，建立危险废物环境重点监管单位名录。严格危险废物经营许可证和涉危险废物项目环评审批程序。加强危险废物环境执法检查，督促企业落实相关法律制度和标准要求。深入排查化工园区环境风险隐患，落实“一园一策”危险废物利用处置措施。补齐医疗废物处置与应急能力短板。健全县镇村三级医疗废弃物收集转运处置体系，实现医疗废物应收尽收，处置及时有效、科学规范。加强医疗废物源头分类管理，制订医疗废物集中处置设施建设规划，健全完善医疗废物处置体系。

强化重金属及尾矿污染综合整治，严格涉重金属企业环境准入管理，鼓励新建或改扩建涉重金属重点企业建设项目落实减量替代原则，严控重金属污染物新增量。推进实施一批重金属减排工程，积极推行清洁生产，减少重金属污染物排放。开展涉重金属企业综合治理。以产生铅、汞、镉、铬、砷的铅蓄电池制造、皮革及其制品、化学原料及化学制品制造、电镀等行业为重点，实施涉重金属企业排查整治。开展尾矿库、采矿废石堆场、冶炼矿渣堆场等场所的环境风险排查，实施“一库（场）一策”分级分类整治。严厉打击违法违规向水库、江河、湖泊等排放尾矿的行为。

积极创建“无废城市”，完善废弃物治理体系。推进秸秆、畜禽养殖等农业废弃物全量利用。完善废塑料、废钢铁、废轮胎等废旧物资回收体系，提高固体废物资源化利用率，最大限度减少填埋量。建立废旧家电等生产企业“逆向回收”模式，积极搭建“互联网+回收”应用平台，鼓励企业创新技术，不断提升废旧物资循环利用水平。加强非正规固体废物堆存场所排查整治，推动大宗工业固体废物贮存处置总量趋零增长。构建集污水、垃圾、固体废物、危险废物、医疗废物处置设施和监测监管能力于一体的环境基础设施体系，形成由城市向镇村延伸覆盖的环境基础设施网络。

开展快递包装绿色化治理，鼓励大型电商和寄递企业循环利用包装物。全面禁止进口固体废物，严厉打击洋垃圾走私行为，推行生活垃圾分类回收处理。加快构建分类投放、分类收集、分类运输、分类处置的“全链条”生活垃圾分类体系，开展塑料污染治理专项行动，加强塑料包装管控，积极推广使用替代产品，增加可循环、易回收、可降解绿色产品供给。提升核与辐射安全监管能力。

8.3.5 深化“四减四增”，全面推进绿色发展

全面贯彻落实黄河流域生态保护和高质量发展重大国家战略，将生态环境保护要求融入经济社会发展全过程，充分发挥生态环境保护的优化牵引作用，实施新一轮“四减四增”行动，推动形成有利于节约资源和保护环境的空间格局、产业结构、生产方式。

强化空间管控，立足资源环境承载能力，科学划定生态保护红线、永久基本农田、城镇开发边界三条控制线，逐步形成城市化地区、农产品主产区、生态功能区三大空间布局，构建生产空间集约高效、生活空间宜居适度、生态空间山清水秀、可持续发展的高品质国土开发保护格局。实施“东拓、西兴、南展、北控、中优”城市空间发展战略，加快形成泰城发展新格局，进一步拉开城市框架，优化功能布局，着力构建“两山相映、一河镶嵌”的城市发展格局。构建以生态保护红线、环境质量底线、资源利用上线和生态环境准入清单为核心的“三线一单”生态环境分区管控体系，加快“三线一单”落地实施。推动污染物排放和生态环境质量目标的联动管理，强化“三线一单”成果在生态、水、大气、土壤等要素环境管理中的应用。以功能多样性理念推进生态空间分区管控，实现生态保护、经济发展、文化传承、社会和谐等多样化功能。在泰山区域山水林田湖草保护过程中，注重使其兼具休闲、旅游、科普、文化等多种功能。

突出产业结构调整，坚决淘汰落后动能，严守环境质量“只能更好，不能变坏”的底线，严格落实污染物排放总量和产能总量控

制刚性要求。实施“四上四压”，坚持“上新压旧”“上大压小”“上高压低”“上整压散”。大力实施绿色制造工程，开展绿色制造试点示范，推动绿色制造系统集成，提升全市绿色制造整体水平。大力推进清洁生产，鼓励企业在进行产品和包装物设计时充分考虑其在生命周期中对人类健康及环境的影响，优先选择无毒、无害、易于降解或者便于回收利用的方案。巩固提高国家新能源示范城市建设成果，加快形成较为完善的光伏太阳能产业链条，积极开发新能源装备、新能源汽车及零部件等高附加值产品，培育制氢、储氢、运氢、用氢于一体的氢能产业链，打造国家级储能产业基地，积极发展生物质发电、垃圾焚烧发电、燃气发电，加快发展节能环保装备、节能环保服务产业。

深化能源结构调整，统筹推进化石能源高效清洁利用和非化石能源规模发展，加快能源生产和利用方式变革，全面提升能源开发转化和利用效率，加强新能源开发利用，控制能源消费总量，构建清洁低碳、安全高效的现代能源体系。严格实施煤炭消费减量替代，制订煤炭消费压减年度计划，完成山东省分解下达的总量下降控制目标。严格落实新上耗煤项目审批、核准、备案制度，鼓励天然气、电力等清洁能源替代煤炭消费。完善清洁能源推广和提效政策，推行国际先进的能效标准，加快工业、建筑、交通等用能领域电气化、智能化发展。按照集中使用、清洁利用原则，对以煤、石焦油、渣油、重油等为燃料的锅炉和工业炉窑，实施清洁低碳能源、工厂余热、电力热力等替代。

推动交通运输结构调整，构建“车-油-路”一体的绿色交通体系。支持砂石、煤炭、钢铁等大宗货物年运输量150万吨以上的大型工矿企业以及大型物流园区新（改、扩）建铁路专用线。持续推进公路运输绿色化改造。加快车用液化天然气（LNG）加气站、内河船舶LNG加注站、充电桩、加氢站布局，在交通枢纽、批发市场、快递转运中心、物流园区等建设充电基础设施。推动车船升级优化。全面实施国六排放标准，鼓励将老旧车辆和非道路移动机械替换为清洁能源车辆，持续开展清洁柴油车（机）行动。培育运输服务新业态新模式，依托泰安港、山西中南部铁路、京沪铁路，规划建设兖矿泰安港公铁水联运物流园，实现货运“无缝衔接”。支持国家第三批多式联运示范工程泰山内陆港建设，打造“一园多港、一港多园、港园一体”的“陆海港联动”示范工程，形成内陆港＋港口群＋全国及跨境主要节点的网格化多式联运布局。

推进农业投入与用地结构调整，减少化肥使用量，深入开展化肥使用量零增长行动，加快推进测土配方施肥、水肥一体化、机械深耕、种肥同播等施肥技术，提高化肥利用率，推动化肥减量增效。推广绿色种养循环项目，引导农民积极施用有机肥，鼓励规模以下畜禽养殖户通过配建粪污处理设施、委托协议处理、堆积发酵就地就近还田等方式，促进畜禽粪污还田利用，推动种养循环，改善土壤地力。深入实施农药减量增效行动，推广植保绿色防控技术，积极推进生物灾害绿色防控。因地制宜地推广高效大中型施药机械和植保无人机等现代植保机械，提高喷洒农药对靶标物的精准性。构建生态高效的农业空间格局。以产业链条完善、产品优质安全、技术转化畅通、营销服务精准、设施装备精良、田园景观精美为方向，全面推进农业“三链重构”，着力构建农业“四种业态”，打造山东省生态高效农业发展示范区、农业“新六产”发展样板、创新农业发展新高地和品牌农业建设先行区。

8.3.6 统筹保护修复，提升生态系统质量和稳定性

坚持保护优先、自然恢复为主的原则，统筹推进泰山区域山水林田湖草一体化保护和修复，实施生物多样性保护重大工程，强化生态保护统一监管，提高生态系统完整性和稳定性，守住自然生态安全边界，着力提升生态系统服务功能。

建立以“两山一河一湖”为主要生态廊道，以北部山地森林为核心，以限制开发的重点生态功能区为支撑点，以自然保护地、水源保护区、风景名胜区等点状分布的禁止开发区域为重要节点的生态安全格局。重点保护纳入《山东省重点生态功能保护区规划》的

泰山生物多样性保护区、大汶河源头涵养区、东平湖洪水调蓄区（含腊山）3大生态功能区域。健全完善自然保护地体系。

统筹泰山区域生态保护修复，实施泰山森林生态系统保护培育工程。加强泰山区域林地保护，更替抚育熟龄林、退化林，加快恢复泰山区域森林生态功能。采取封育、抚育性采伐和适应性经营等方式，推动森林群落进展演替。加大泰山森林公园、徂徕山森林公园等重要生态区林地的保护力度，利用生态化手段修复破损山体，严控泰山“山体线”，实施泰山区域河湖水系生态修复工程。

加快推进湿地保护修复，按照“自然恢复为主、自然恢复与人工修复相结合”的原则，进一步完善以湿地公园为主体的湿地保护管理体系，开展东平湖、大汶河、康王河等退化湿地修复工程。深入开展国土绿化行动，采取荒山绿化、城乡增绿等措施，提升泰山、徂徕山等重要山体森林质量。强化道路、水系两侧植树绿化，重点推进大汶河两岸生态廊道建设，加快构建国土绿化治理体系。大力实施破损山体修复、非煤采空区治理、采煤塌陷地治理、灾害风险调查和重点隐患排查等工程，争取国家采煤沉陷区综合治理试点资格。鼓励建设矿山公园，提升人居环境安全性。推进城市生态系统修复。开展城市更新行动，合理布局蓝绿空间，因地制宜地建设“街头绿地”“口袋公园”“山体公园”，不断完善城市绿地和廊道系统，积极建设绿色城市。统筹推进截污清淤、园林绿化、生态补水、防洪通道修建等项目建设。

加强生物多样性监测，在黄河、东平湖流域生物多样性保护优先区域定期开展调查、观测和评估，有序推进生物多样性，保护重大工程。构建生物多样性观测站网，对保护状况、变化趋势及存在问题进行评估，进一步完善常态化观测试点。到2025年年底，建成全市生物多样性保护优先区域数据库和信息平台。加强外来入侵物种管控，积极开展自然保护区、生态功能保护区、风景名胜区和生态脆弱区域等重点区域外来入侵物种防治及风险评估工作。

8.3.7 深化改革创新，打造现代环境治理体系

深入贯彻落实习近平生态文明思想，健全党委领导、政府主导、企业主体、社会组织和公众共同参与的环境治理体系，加快制度改革，深化制度创新，不断提升生态环境治理效能，加快推进生态环境治理体系和治理能力现代化。

健全生态环境保护统筹协调机制，认真落实中央统筹、省负总责、市县抓落实的工作机制，制订生态环境保护和生态文明建设年度计划，建立生态文明建设目标责任制度，加大生态环境保护责任考核力度，确保各项任务目标落实落地。开展领导干部自然资源资产离任审计，实行生态环境损害责任终身追究制。建立部门间协同联动机制，对照生态环境保护责任清单，系统推进山水林田湖草等生命共同体治理保护。严格落实生态环境损害赔偿制度和环境公益诉讼制度，推动行政处罚、刑事司法与生态环境损害赔偿工作有效衔接。

健全企业环境治理责任体系。全面推行排污许可“一证式”管理，加强对排污单位的监测监管，有效衔接排污许可与环境执法、环境监测、总量控制、排污权交易等环境管理制度，确保固定污染源全程管理、多污染源协同控制。持续做好排污许可证换证或登记延续动态更新，巩固提高排污许可证及执行报告填报质量。建立生态环境日常执法监督体系，加强排污许可证后管理，定期开展排污许可专项检查。严格污染物排放总量控制。根据国家改革完善企事业单位污染物排放总量控制有关要求，推进实施企事业单位污染物排放总量指标分配和监管。严格落实非固定污染源减排管理要求，强化统计、监管和考核，对非固定源减排全过程实行调度管理。健全环境治理信用制度。严格落实企业环境信用评价制度，依据评价结果实施分类分级监管。建立企业“黑名单”，将企业在环境影响评价、社会化环境监测、危险废物处置、环境治理及设施运营、清洁生产审核、污染场地风险调查评估等领域的违法违规信息记入企

业信用记录，纳入信用信息共享平台并向社会公开。落实国家强制性环境治理信息披露办法，监督上市公司、发债企业等市场主体全面、及时、准确披露环境信息。

加强生态环境质量监管。健全生态环境综合执法体系。深化生态环境保护综合行政执法改革，补齐应对气候变化、生态监管、农业农村、移动源等领域执法能力短板，深化执法能力规范化建设。加强联合执法、区域执法和交叉执法，全面实施网格化环境监管。加强重点园区、重点企业环境监管，构建以环境信用评级为基础、分级分类差别化的“双随机”监管模式。推行互联网＋统一指挥＋综合执法，将生态环境保护行政执法事项纳入地方综合行政执法指挥调度平台统一管理。完善生态环境监测体系，整合优化全市空气、地表水、地下水、土壤、温室气体、噪声、辐射、农业农村等环境质量监测点位和监测指标，实现各县（市、区）、功能区和大型工业园区环境质量监测全覆盖。加快构建以典型生态系统、自然保护地、重点生态功能区、生态保护红线和重要水体为主的“天地空”一体化生态质量监测网络，并在泰山区域建立生态质量监测站点与样地网络。严格落实信息公开制度，强化企业数据监测主体责任；加强监测质量监督检查，确保数据真实、准确、全面，推行生态环境监管信息化。

发挥市场机制激励作用。建立健全生态产品价值实现机制，推动永久基本农田核实整改补划和储备区建设，探索自然资源资产核算评价，实施市级政府代理行使全民所有自然资源资产所有权的资源清单和监督管理制度，制定自然资源资产分类清单，健全自然资源资产产权体系。全面深化集体林权制度改革，探索实施“河权到户”政策。健全土地、水、森林、矿产等自然资源有偿使用机制和集体经营性建设用地入市制度。完善自然资源定价机制，建立有利于产业结构优化、行业可持续发展的价格指数、成本核算、市场交易等制度。健全市场化多元化生态补偿机制。创新绿色金融模式，建立绿色项目储备库和限制进入名单库，打造贯穿生产、销售、结算、投融资的“全链条”绿色金融服务体系。

8.3.8 开展全民行动，推动形成绿色生活方式

以绿色消费带动绿色发展，以绿色生活促进人与自然和谐共生，弘扬新时代生态文化，提高全社会生态环保意识，倡导简约适度、绿色低碳的生活方式，形成文明健康的生活新风尚。

提高全社会生态环保意识，加强生态环境保护宣传教育，将习近平生态文明思想和生态文明建设纳入学校教学活动，大力培养青少年生态文明行为习惯。推进环境保护宣传教育进学校、进家庭、进社区、进农村、进企业、进机关，大力推行《公民生态环境行为规范（试行）》，积极开展绿色创建活动，引导公众践行绿色生活方式。弘扬新时代生态文化，深入挖掘泰山文化、大汶口文化、运河文化内涵，加强生态文化保护与传承，打造黄河文化彰显区。积极创建生态文明建设示范市，加快构建生态空间体系、生态安全体系、生态经济体系、生态生活体系、生态文化体系和生态制度体系，积极开展生态文明建设示范市创建工作。深入贯彻落实习近平总书记关于“绿水青山就是金山银山”的发展理念，加强自然生态空间管控，提升生态产品供给能力，实现自然资本的保值增值；深化生态环境领域改革，探索长效保障机制，努力打造“两山”文化品牌。

践行绿色低碳生活，推进全民绿色生活、绿色消费。鼓励宾馆、饭店、景区推出绿色旅游、绿色消费措施。在机关、学校、商场、医院、酒店等场所推广使用节能、节水、环保、再生等绿色产品。积极引导企业和居民采购绿色产品，采取补贴、积分奖励等方式促进绿色消费。全面推进绿色生活设施建设。开展绿色出行创建活动，加强城市公共交通和慢性交通系统建设与管理。开展城市社区基础设施绿色化改造，推进既有建筑节能改造、新建建筑能效提升、装配式建筑推广应用等工程，建设绿色生态示范城区、城镇、社区。倡导绿色装修。实施噪声污染防治行动计划。强化声环境功能区管理，开展声环境功能区评估与调整，在声环境功能区安装噪

声自动监测系统。

开展生态环保全民行动，发挥党政机关示范引领作用，县级及以上党政机关率先打造节约型机关。健全节约能源资源管理制度，强化能耗、水耗等目标管理。推行绿色办公，加大绿色采购力度，扩大绿色产品采购范围。鼓励群团组织积极动员广大职工、青年参与生态环境保护。有序引导具备资格的社会公益组织依法开展环境公益诉讼活动。加强对社会组织的管理和指导，引导环保社会组织和志愿者队伍规范健康发展。鼓励通过村规民约、居民公约加强生态环境保护。强化信息公开，充分利用报纸、电视、网络、社交平台和数字媒介等各类媒体，定期公布环境质量、项目建设、资金投入等规划实施信息，确保规划实施情况及时公开。强化公众监督参与，充分发挥公众和新闻媒体等社会力量的监督作用，健全环境决策公众参与机制，强化环保志愿者作用，建立规划实施公众反馈和监督机制。

主要参考文献

[1] 中共中央文献研究室. 习近平关于社会主义生态文明建设论述摘编 [M]. 北京：中央文献出版社，2017.

[2] 成金华，尤喆. “山水林田湖草是生命共同体”原则的科学内涵与实践路径 [J]. 中国人口·资源与环境，2019，29 (2)：1-6.

[3] 刘敏，李凯，崔然. 泰安市近地面臭氧污染特征及影响因素分析 [J]. 中国资源综合利用，2022，40 (4)：154-156.

[4] 杨倩倩，王琰. 泰安市环境空气污染成因分析 [J]. 中国资源综合利用，2022，40 (4)：152-153，156.

[5] 杨倩倩，王琰. 泰安市环境空气监测数据分析处理及控制策略研究 [J]. 2022，38 (5)：90-92.

[6] 李凯，刘敏，梅如波. 泰安市大气臭氧污染特征及敏感性分析 [J]. 环境科学，2020，41 (8)：3539-3546.

[7] 栾兆鹏，卢慧超，李恬，等. 2016～2019 年泰安市近地面大气臭氧污染特征及敏感性分析 [J]. 气象与环境科学，2023，46 (3)：72-80.

[8] 路明. 2019 年泰安市生态环境监测方案 [D]. 泰安：泰安市生态环境局，2019.

[9] 王帅，李婧妍，丁峰，等. 空气质量监测网资源及环境质量达标评价方法 [J]. 环境影响评价，2019，41 (3)：11-14，21.

[10] 刘正朋. 泰安市环境空气监测体系的构建及优化策略 [J]. 绿色科技，2022，23 (16)：82-84.

[11] 张成，李婕，康红阳，等. 泰安市大气热点网格模式的运用 [J]. 皮革制作与环保科技，2021，35-36，38.

[12] 栾兆鹏，邹大伟，卢慧超，等. 泰安市冬季一次严重空气污染过程分析 [J]. 环境科学研究，2019，32 (7)：1187-1194.

[13] 杨佳美，刘保双，毕晓辉，等. 泰安市环境受体 $PM_{2.5}$ 组分特征与来源解析 [J]. 环境科学与技术，2017，40 (9)：153-160.

[14] 徐洋. 泰安市环境质量空气现状及变化动态研究 [D]. 济南：山东农业大学，2013.

[15] 环境空气质量标准. GB 3095—2012.

[16] 环境空气质量评价技术规范（试行）. HJ 633—2012.

[17] 李兰，李锋. “海绵城市”建设的关键科学问题与思考 [J]. 生态学报，2018，

38（7）：2599-2606.

［18］ 刘楠楠，褚一威，陶君，等. 基于“海绵城市”理念的初期雨水资源化技术研究进展［J］. 给水排水，2019，55（S1）：23-27.

［19］ 杨海燕，孙晓博，周广宇，等. 基于系统动力学模型的泰安市水资源与水环境系统模拟分析［J］. 科学技术与工程，2019，19（35）：348-355.

［20］ 王新花，李传荣. 泰山生物多样性［M］. 北京：知识产权出版社，2013.

［21］ 李法曾，张卫东，张学杰. 泰山植物志［M］. 济南：山东科学技术出版社，2012.

［22］ 叶艳妹，陈莎，边微，等. 基于恢复生态学的泰山地区“山水林田湖草”生态修复研究［J］. 生态学报，2019，39（23）：8878-8885.

［23］ 边微. 泰山区域山水林田湖草保护修复试点——泰安市土地综合整治模式探索［J］. 山东国土资源，2022，38（3）：70-75.

［24］ 李鹏，路英川，赵由之，等. 泰安市土地利用遥感数据分析与预测［J］. 北京测绘，2022，36（7）：924-928.

［25］ 国家质量监督检验检疫总局，国家标准化管理委员会. 土地利用现状分类 GB/T 21010—2017［S］. 北京：中国标准出版社，2017.

［26］ 顾子平. 1999～2018年泰安市市辖区土地利用演变时空格局分析［D］. 济南：山东农业大学，2021.

［27］ 高颖. 泰安市城市化进程、耕地保护及其协调关系研究［D］. 济南：山东农业大学，2020.

［28］ 声环境质量标准. GB 3096—2008.

［29］ 王斌. 泰安市工业固体废物现状及污染防治对策［J］. 能源与节能，2022（3）：148-150.

［30］ 金晓雯. 泰安市城市生活垃圾分类治理问题研究［D］. 济南：山东农业大学，2021.

［31］ 刘喆. 泰安市农村生活垃圾治理中的问题和对策研究［D］. 济南：山东理工大学，2022.

［32］ 苗晓靖，陈赫男，范瑞安. 泰安市水土保持生态建设的几点转变［J］. 中国水土保持，2018（3）：10-11.

［33］ 吴亚楠. 泰安市城区-旧县水源地岩溶地面塌陷历程及影响因素分析［J］. 中国岩溶，2020，39（2）：225-231.

［34］ 马振民，刘立才，陈鸿汉，等. 山东泰安岩溶水系统地下水化学环境演化［J］. 现代地质，2002（4）：423-428.

［35］ 郑黎明，任海民，肖翔. 泰安市节水型社会建设现状与成效［J］. 山东水利，2019（11）：30-31.

[36] 范萍，刘静. 基于数学模型的泰安市生态环境质量综合评价 [J]. 山东农业大学学报（自然科学版），2019，50（4）：587-592.

[37] 刘忠德，孟盼盼，杨红花，等. 基于生物多样性保护的生态城市环境优化——以泰安市城市建设为例 [J]. 现代农业科技，2018（8）：155-156 .

[38] 袁杰，刘炳江，别涛 .《中华人民共和国噪声污染防治法》释义 [M]. 北京：中国民主法制出版社，2022.

[39] 中共中央宣传部，中华人民共和国生态环境部. 习近平生态文明思想学习纲要 [M]. 北京：学习出版社，人民出版社，2022：87-88.

[40] 崔丽丽，张庆环. 噪声污染防治现状与相关问题探讨 [J]. 资源节约与环保，2023（3）：98-101.